李叔同 著

一念放下 自在洒脱

李叔同的禅悟人生课

贵州出版集团
贵州人民出版社

图书在版编目（CIP）数据

一念放下，自在洒脱：李叔同的禅悟人生课 / 李叔同著. -- 贵阳：贵州人民出版社，2023.6
ISBN 978-7-221-17652-3

Ⅰ．①一⋯ Ⅱ．①李⋯ Ⅲ．①李叔同（1880-1942）－人生哲学 Ⅳ．①B821

中国国家版本馆CIP数据核字（2023）第088352号

一念放下，自在洒脱：李叔同的禅悟人生课

YINIANFANGXIA, ZIZAI SATUO：LISHUTONG DE CHANWU RENSHENGKE

李叔同 / 著

出 版 人	朱文迅
责任编辑	徐楚韵
装帧设计	徐　倩
封面设计	赵银翠
出版发行	贵州出版集团　贵州人民出版社
地　　址	贵阳市观山湖区会展东路 SOHO 办公区 A 座
邮　　编	550081
印　　刷	涿州汇美亿浓印刷有限公司
开　　本	890mm×1240mm　1/32
印　　张	6.5
字　　数	107 千字
版次印次	2023 年 6 月第 1 版　2023 年 6 月第 1 次印刷
书　　号	ISBN 978-7-221-17652-3

定　　价　59.00 元

放下

弘一沙門
演音書

長史伍魯府治城軍主
羲主本郡汝陽縣義主
南城令徹孝武賢文陽
平縣義州主簿王念生
造頌四年正光三年正
月廿三日訖

一滤尘當情
万缘同鏡象

丙子居士
己未八月弘一演音客霽光

君匋思洋孔公法書檢復藏賠之
△丙秋日可翁記

清涼月月到天心光明皎潔今唱清
涼歌心地光明一笑呀清涼風涼風解
慍暑氣已無蹤今唱清涼歌熱惱消除
万物和清涼水清水一渠滌蕩諸污穢
今唱清涼歌身心無垢樂如何清涼清
涼無上究竟真常

清涼

智慧善分別

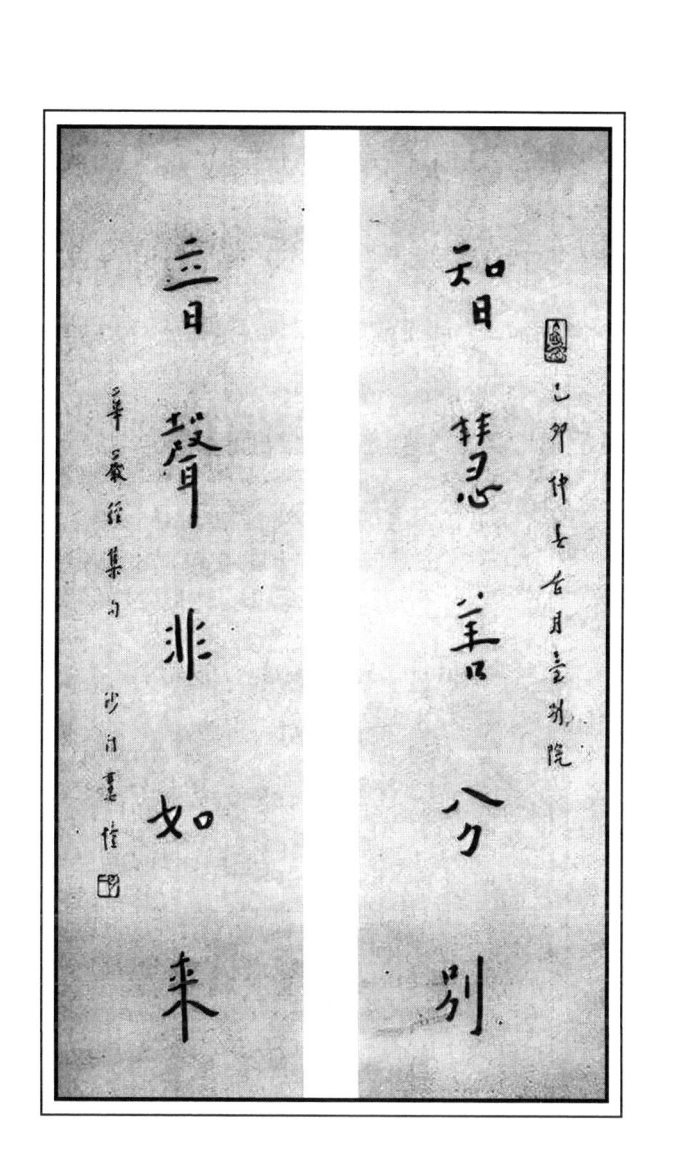

音聲非如來

己卯仲春吉月壹別院

華嚴經集句

沙門書催

大方廣佛華嚴經偈頌集句

常護諸佛法

恆除土淨戒香

燕懷女居士澄鑒 壬午曉膽老人

悲欣交集
見觀經

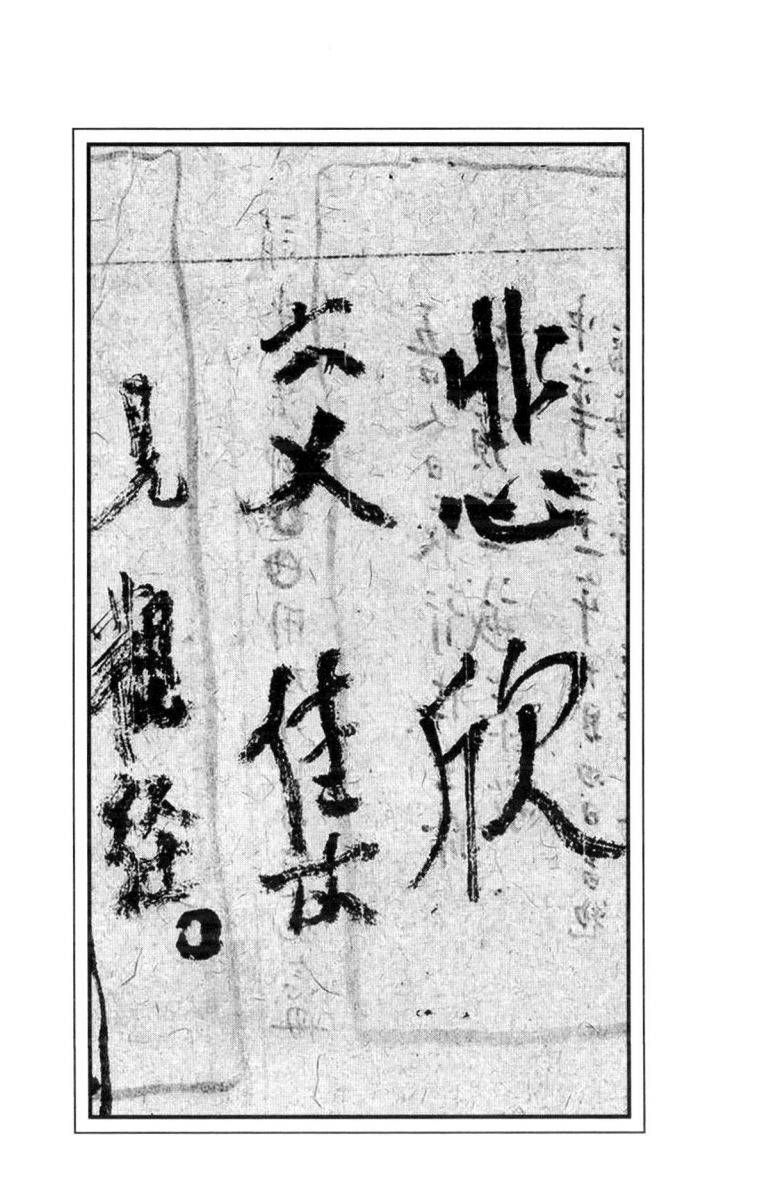

代序

怀李叔同先生

丰子恺

距今二十九年前,我十七岁的时候,最初在杭州的浙江省立第一师范学校里见到李叔同先生,即后来的弘一法师。那时我是预科生,他是我们的音乐教师。我们上他的音乐课时,有一种特殊的感觉:严肃。

摇过预备铃,我们走向音乐教室,推进门去,先吃一惊:李先生早已端坐在讲台上。以为先生总要迟到而嘴里随便唱着、喊着或笑着、骂着而推进门去的同学,吃惊更是不小。他们的唱声、喊声、笑声、骂声以门槛为界限而忽然消灭。接着是低着头,红着脸,去端坐在自己的位子里。端坐在自己的位子里偷偷地仰起头来看看,看见李先生的高高的瘦削的上半身穿着

一念放下，自在洒脱：李叔同的禅悟人生课

整洁的黑布马褂，露出在讲桌上，宽广得可以走马的前额，细长的凤眼，隆正的鼻梁，形成威严的表情。扁平而阔的嘴唇两端常有深窝，显示和蔼的表情。这副相貌，用"温而厉"三个字来描写，大概差不多了。讲桌上放着点名簿、讲义，以及他的教课笔记簿、粉笔。钢琴衣解开着，琴盖开着，谱表摆着，琴头上又放着一只时表，闪闪的金光直射到我们的眼中。黑板（是上下两块可以推动的）上早已清楚地写好本课内所应写的东西（两块都写好，上块盖着下块，用下块时把上块推开）。在这样布置的讲台上，李先生端坐着。坐到上课铃响起（后来我们知道他这脾气，上音乐课必早到。故上课铃响时，同学早已到齐），他站起身来，深深地一鞠躬，课就开始了。这样上课，空气严肃得很。

有一个人上音乐课时不唱歌而看别的书，也有一个人上课时把痰吐在地板上，以为李先生看不见的，其实他都知道。但他不立刻责备，等到下课后，他用很轻很严肃的声音郑重地说：某某等一等出去。于是这位某某同学只得站着。等到别的同学都出去了，他又用轻而严肃的声音向这某某同学和气地说："下次上课时不要看别的书。"或者"下次痰不要吐在地板上。"说过之后他微微一鞠躬，表示你出去罢。出来的人大都脸上发红。

代 序

又有一次下音乐课,最后出去的人无心把门一拉,碰得太重,发出很大的声音。他走了数十步之后,李先生走出门来,满面和气地叫他转来。等他到了,李先生又叫他进教室来。进了教室,李先生同样用轻且严肃的声音和气地说:"下次走出教室,轻轻地关门。"说完对他一鞠躬,送他出门,自己轻轻地把门关了。

最不易忘却的,是有一次上弹琴课的时候。我们是师范生,每人都要学弹琴,全校有五六十架风琴及两架钢琴。风琴每室两架,给学生练习用;钢琴一架放在唱歌教室里,一架放在弹琴教室里。上弹琴课时,十数人为一组,环立在琴旁,看李先生范奏。有一次正在范奏的时候,有一个同学放一个屁,没有声音,却是很臭。钢琴及李先生十数同学全部沉浸在亚莫尼亚气体中。同学大都掩鼻或发出讨厌的声音。李先生眉头一皱,管自弹琴(我想他一定屏息着)。弹到后来,亚莫尼亚气散光了,他的眉头方才舒展。教完以后,下课铃响了。李先生立起来一鞠躬,表示散课。散课以后,同学还未出门,李先生又郑重地宣告:"大家等一等,还有一句话。"大家又肃立了。李先生又用很轻而严肃的声音和气地说:"以后放屁,到门外去,不要放在室内。"接着又一鞠躬,表示叫我们出去。同学都忍着笑,一出门来,人家快跑,跑到远处去大笑一顿。

一念放下，自在洒脱：李叔同的禅悟人生课

李先生用这样的态度来教我们音乐，因此我们上音乐课时，觉得比上其他一切课更严肃。同时对于音乐教师李叔同先生，比对其他教师更敬仰。那时的学校，首重的是英、国、算，即英文、国文和算学。在别的学校里，这三门功课的教师最有权威；而在我们这师范学校里，音乐教师最有权威，因为他是李叔同先生。

李叔同先生为什么能有这种权威呢？不仅因为他学问好，音乐好，更重要的是因为他态度认真。李先生一生最大的特点是认真。他对于一件事，不做则已，要做就非做得彻底不可。

李叔同先生出身于富裕之家，他的父亲是天津有名的银行家。他是第五位姨太太所生。他父亲生他时，年已七十二岁[1]。他坠地后就遭父丧，又逢家庭之变，青年时就陪了他的生母南迁上海。在上海南洋公学读书奉母时，他是一个翩翩公子。当时上海文坛有著名的沪学会，李先生应沪学会征文，名字屡列第一。从此他就为沪上名人所器重，而交游日广，终以才子驰名于当时的上海。后来先生的母亲逝世，他赴日本留学的时候，作一首《金缕曲》，词曰："披发佯狂走。莽中原，暮鸦啼彻，

---

[1] 编者注：李叔同父亲生他时，应为"近六十八岁"，此处应为丰子恺先生笔误。

代 序

几株衰柳。破碎河山谁收拾？零落西风依旧。便惹得离人消瘦。行矣临流重太息，说相思刻骨双红豆。愁黯黯，浓于酒。漾情不断淞波溜。恨年年絮飘萍泊，遮难回首。二十文章惊海内，毕竟空谈何有！听匣底苍龙狂吼。长夜西风眠不得，度群生那惜心肝剖。是祖国，忍孤负？"读这首词，可想见他当时豪气满胸，爱国热情炽盛。他出家时把过去的照片统统送我，我曾在照片中看见过当时在上海的他：丝绒碗帽，正中缀一方白玉，曲襟背心，花缎袍子，后面挂着胖辫子，底下缎带扎脚管，双梁厚底鞋子，头抬得很高，英俊之气，流露于眉目间。真是当时上海一等的翩翩公子。这是最初表示他的特性：凡事认真。他立意要做翩翩公子，就彻底地做一个翩翩公子。

后来他到日本，看见明治维新的文化，就渴慕西洋文明。他立刻放弃了翩翩公子的态度，改做一个留学生。他入东京美术学校，同时又入音乐学校。这些学校都是模仿西洋的，所教的都是西洋画和西洋音乐。李先生在南洋公学时英文学得很好；到了日本，就买了许多西洋文学书。他出家时曾送我一部残缺的原本《莎士比亚全集》，他对我说："这书我从前细读过，有许多笔记在上面，虽然不全，也是纪念物。"由此可想见他在日本时，对于西洋艺术全面进攻，绘画、音乐、文学、戏剧

一念放下，自在洒脱：李叔同的禅悟人生课

都研究。后来他在日本创办春柳剧社，纠集留学同志，并出演当时西洋著名的悲剧《茶花女》（小仲马著）。他自己把腰束小，扮作茶花女，粉墨登场。这照片，他出家时也送给我，一向归我保藏；直到抗战时为兵火所毁。现在我还记得这照片：卷发，白的上衣，白的长裙拖着地面，腰身小到一把，两手举起托着后头，头向右歪侧，眉峰紧蹙，眼波斜睇，正是茶花女自伤命薄的神情。另外还有许多演剧的照片，不可胜记。这春柳剧社后来迁回中国，李先生就脱出，由另一班人去办，便是中国最初的话剧社。由此可以想见，李先生在日本时，是彻头彻尾的一个留学生。我见过他当时的照片：高帽子、硬领、硬袖、燕尾服、史的克、尖头皮鞋，加之长身、高鼻，没有脚的眼镜夹在鼻梁上，竟活像一个西洋人。这是第二次表示他的特性：凡事认真。学一样，像一样。要做留学生，就彻底地做一个留学生。

他回国后，在上海太平洋报社当编辑。不久，就被南京高等师范请去教图画、音乐。后来又应杭州师范之聘，同时兼任两个学校的课，每月中半个月住南京，半个月住杭州。两校都请助教，他不在时由助教代课。我就是杭州师范的学生。这时候，李先生已由留学生变为教师。这一变，变得真彻底：漂亮的洋装不穿了，却换上灰色粗布袍子、黑布马褂、布底鞋子。金丝边

代 序

眼镜也换了黑的钢丝边眼镜。他是一个修养很深的美术家,所以对于仪表很讲究。虽然布衣,却很称身,常常整洁。他穿布衣,全无穷相,而且另具一种朴素的美。你可想见,他是扮过茶花女的,身材生得非常窈窕。穿了布衣,仍是一个美男子。淡妆浓抹总相宜,这诗句原是描写西子的,但拿来形容我们的李先生的仪表,也很适用。今人侈谈生活艺术化,大都好奇立异,非艺术的。李先生的服装,才真可称为生活的艺术化。他一时代的服装,表出着一时代的思想与生活。各时代的思想与生活迥然不同,各时代的服装也迥然不同。布衣布鞋的李先生,与洋装时代的李先生、曲襟背心时代的李先生,判若三人。这是第三次表示他的特性:认真。

我二年级时,图画归李先生教。他教我们木炭石膏模型写生。同学一向描惯临画,起初无从着手。四十余人中,竟没有一个人描得像样的。后来他范画给我们看。画毕把范画揭在黑板上。同学们大都看着黑板临摹。只有我和少数同学,依他的方法从石膏模型写生。我对于写生,从这时候开始发生兴味。我到此时,恍然大悟:那些粉本原是别人看了实物而写生出来的。我们也应该直接从实物写生入手,何必临摹他人,依样画葫芦呢?于是我的画进步起来。此后李先生与我接近的机会更多。因为我常去请他教画，又教日本文，以后的李先生的生活，我所知道的较为详细。他本来常读理性的书，后来忽然信了道教，案头常常放着道藏。那时我还是一个毛头青年，谈不到宗教。李先生除绘画的事宜外，并不对我谈道。但我发现他的生活日渐收敛起来，仿佛一个人就要动身赴远方时的模样。他常把自己不用的东西送给我。他的朋友日本画家大野隆德、河合新藏、三宅克己等到西湖来写生时，他带了我去请他们吃一次饭，以后就把这些日本人交给我，叫我引导他们（我当时已能讲普通应酬的日本话）。他自己就关起房门来研究道学。有一天，他决定入大慈山去断食，我有课事，不能陪去，由校工闻玉陪去。数日之后，我去望他。见他躺在床上，面容消瘦，但精神很好，对我讲话，同平时差不多。他断食共十七日，由闻玉扶起来，摄一个影，影片上端由闻玉题字"李息翁先生断食后之像，侍子闻玉题"。这照片后来制成明信片分送朋友。像的下面用铅字排印着："某年月日，入大慈山断食十七日，身心灵化，欢乐康强欣欣道人记。"李先生这时候已由教师一变而为道人了。

学道就断食十七日，也是他凡事认真的表示。

但他学道的时间很短。断食以后，不久他就学佛。他自己对我说，他的学佛是受马一浮先生指示的。出家前数日，他同

代 序

我到西湖玉泉去看一位程中和先生。这程先生原来是当军人的，现在退伍，住在玉泉，正想出家为僧。李先生同他谈得很久。此后不久，我陪大野隆德到玉泉去投宿，看见一个和尚坐着，正是这位程先生。我想称他程先生，觉得不合。想称他法师，又不知道他的法名（后来知道是弘伞）。一时周章得很。我回去对李先生讲了，李先生告诉我，他不久也要出家为僧，就做弘伞的师弟。我愕然不知所对。过了几天，他果然辞职，要去出家。出家的前晚，他叫我和同学叶天瑞、李增庸三人到他的房间里，把房间里所有的东西送给我们三人。第二天，我们三人送他到虎跑寺。再去望他时，他已光着头皮，穿着僧衣，俨然一位清癯的法师了。我从此改口，称他为法师。法师的僧腊二十四年。这二十四年中，我颠沛流离，他一贯到底，而且修行功夫愈进愈深。当初修净土宗，后来又修律宗。律宗是讲究戒律的，一举一动，都有规律，严肃认真之极。这是佛门中最难修的一宗。数百年来，传统断绝，直到弘一法师一代方才复兴，所以佛门中称他为重兴南山律宗第十一代祖师。

弘一法师的生活非常认真。举一例说：有一次我寄一卷宣纸去，请弘一法师写佛号。宣纸多了些，他就来信问我，余多的宣纸如何处置？又有一次，我寄回件邮票去，多了几分。他

一念放下，自在洒脱：李叔同的禅悟人生课

把多的几分寄还我。以后我寄纸或邮票，就预先声明：余多的送与法师。有一次他到我家。我请他坐在藤椅子里。他把藤椅子轻轻摇动，然后慢慢地坐下去。起先我不敢问。后来看他每次都如此，我就启问。法师回答我说：这椅子里头，两根藤之间，也许有小虫伏着。突然坐下去，要把它们压死，所以先摇动一下，慢慢地坐下去，好让它们走避。读者听到这话，也许要笑。但这正是做人极度认真的表示。

如上所述，弘一法师由翩翩公子一变而为留学生，又变而为教师，三变而为道人，四变而为和尚。每做一种人，都做得十分像样。好比全能的优伶：起青衣像个青衣，起老生像个老生，起大面又像个大面，而这一切都是认真的缘故。

现在弘一法师在福建泉州圆寂了。噩耗传到贵州遵义的时候，我正在束装，将迁居重庆。我发愿到重庆后替法师画像一百帧，分送各地信善，刻石供养。现在画像已经如愿了。我和李先生在世间的师徒尘缘已经结束，然而他的遗训、认真将永远铭刻在我心头。

目录

第一辑 一花一叶,孤芳致洁

我的出生与家庭	/002
遇见杭州:一生的转折点	/006
我的人生兴趣	/009
出家的因缘	/012
追求律学的真谛	/016
从容弘法的感悟	/018
辛丑北征泪墨	/020
惜福、习劳、持戒和自尊	/025
改习惯	/033
改过实验谈	/036
断食日志	/041

第二辑 如是了知,乃为智者

送别	/054
祖国歌	/054
大中华	/055
我的国	/055
哀祖国	/056
朝阳(男声四部合唱)	/056
忆儿时	/056
悲秋	/057
梦	/057
月	/058
落花	/058
长逝	/059
清凉歌五首	/059
人与自然界(三部合唱)	/061
爱	/061
题丁慕琴绘《黛玉葬花图》二首	/062
题陈师曾画荷花小幅	/062
书愤	/063
《淡斋画册》题偈	/063

竹园居士幼年书法题偈	/063
受赠红菊报偈	/064
临灭遗偈	/064
净峰种菊临别口占	/065

第三辑 华枝春满，天心月圆

如何写一手好字	/068
图画修得法	/077
中西绘画的比较	/083

第四辑 君子之交，其淡如水

致许幻园	/086
致陆丹林	/087
致刘质平	/088
致毛子坚	/092
致李圣章	/094
致邓寒香	/096
致蔡元培、经亨颐、马叙伦等	/102
致丰子恺	/104

	致夏丏尊	/117
	致穆犍莲	/121
	致律华法师	/122
	致郁智朗	/124
	致性愿法师	/127

第五辑 绚烂至极，归于平淡

以出世的精神，做入世的事业	/130
李叔同传	/132
李叔同先生	/147
两法师	/152
忆弘一大师	/161

附录 | 格言别录 | /170

第一辑

一花一叶,孤芳致洁

/ 我的出生与家庭 /

在清朝光绪年间,天津河东有一个地藏庵,庵前有一户人家。这是一座四进四出的进士宅邸,它的主人是一位官商,名字叫李世珍。曾是同治年间的进士,官任吏部主事,也因乎此使李家在当地的声名更加显赫了。但是,他为官不久,便辞官返乡了,开始经商。他在晚年的时候,虔诚拜佛,为人宽厚,乐善好施,被人称为"李善人"。而这就是我的父亲。

我是光绪六年(一八八〇年),在这个平和良善的家庭中出生的。生我时,我的母亲只有二十岁,而我父亲已近六十八岁了。这是因为我是父亲的小妾生的,也正是如此,虽然父亲很疼爱我,但是在那时的官宦人家,妾的地位很卑微,我作为庶子,身份也就无法与我的同父异母的哥哥相比。从小就感受

第一辑 一花一叶，孤芳致洁

到这种不公平待遇给我带来的压抑感，然而只能是忍受着，也许这就为我今后出家埋下了伏笔。

在我五岁那年，父亲因病去世了。没有了父亲的庇护和依靠，我与母亲的处境很是困难，看着母亲一天到晚低眉顺眼、谨小慎微地度日，我的内心感到很难受，也使我产生了自卑的倾向。我养成了沉默寡言的内向性格，终日里与书作伴，与画为伍。只有在书画的世界里，我才能找到快乐和自由！

听我母亲后来跟我讲：在我降生的时候，有一只喜鹊叼着一根橄榄枝放在了产房的窗上，所有人都认为这是佛赐祥瑞。而我后来也一直将这根橄榄枝带在身边，并时常对着它祈祷。由于我的父亲对佛教的诚信，我在很小的时候，就有机会接触到佛教经典，受到佛法的熏陶。我小时候刚开始识字，就是跟着我的大娘，也就是我父亲的妻子，学习念诵《大悲咒》和《往生咒》。而我的嫂子也经常教我背诵《心经》和《金刚经》等。虽然那时我根本就不明白这些佛经的含义，也无从知晓它们的教理，但是我很喜欢念经时那种空灵的感受。也只有在这时我能感受到平等和安详！而我想这也许成为我今后出家的引路标。

我小时候，大约是六七岁的样子，就跟着我的哥哥文熙开始读书识字，并学习各种待人接物的礼仪，那时我哥哥已经二十岁了。由于我们家是书香门第，又是当地数一数二的官商世家，所以一直就沿袭着严格的教育理念。因此，我哥哥对我方方面面的功课都督教得异常严格，稍有错误必加以严惩。我自小就在这样严厉的环境中长大，这使我从小就没有了小孩子应有的天真活泼，也疑我的天性遭到了压抑而导致有些扭曲。但是有一点不得不承认，那就是这种严格施教，对于我后来所养成的严谨认真的学习习惯和生活作风是起了决定作用的，而我后来的一切成就几乎都是得益于此，也由此我真心地感激我的哥哥。

当我长到八九岁时，就拜在常云政先生门下，成为他的入室弟子，开始攻读各种经史子集，并开始学习书法、金石等技艺。在十三岁那年，天津的名士赵幼梅先生和唐静岩先生开始教我填词和书法，使我在诗词书画方面得到了很大的提高，功力也较以前深厚了。为了考取功名，我对八股文下了很大的功夫，也因此得以在天津县学加以训练。在我十六岁的时候，我有了自己的思想，过去所受的压抑而造成的"反叛"倾向也开始抬头了。我开始对过去刻苦学习是为了报国济世的思想不那么热衷了，却对文艺产生了浓厚的兴趣，尤其是戏曲，也因此成了一个不折不扣的票友。在此期间，我结识过一个叫杨翠喜的艺人，我经常去听她唱戏，并送她回家，只可惜后来她被官家包养，后来又嫁给一个商人做了妾。

由此后我也有些惆怅，而那时我哥哥已经是天津一位有名的中医大师了，但是有一点我很不喜欢，就是他为人比较势利，攀权倚贵，嫌贫爱富。我曾经把我的看法向他说起，他不接受，并指责我有辱祖训，不务正业。无法，我只有与其背道而驰了，从行动上表示我的不满，对贫贱低微的人我礼敬有加，对富贵高傲的人我不理不睬；对小动物我关怀备至，对人我却不冷不热。在别人眼里我成了一个怪人，不可理喻，不过对此我倒是无所谓的。这可能是我日后看破红尘出家为僧的决定因素！

/ 遇见杭州：一生的转折点 /

我一生中的大部分岁月都是在南方度过的，这其中，杭州是我人生道路发生重大转变的地方。作为一名高校的艺术教师，我在浙一师的六年执教生涯中业绩斐然；作为一个诸艺略通的人，那段时期也该算我艺术创作的一个鼎盛期吧。然而更重要的是，在杭州，我找到了自己精神上的归宿，最终步入了佛门。

一九一二年三月，我接受浙江两级师范学堂（次年更名为浙江第一师范学校）教务长经亨颐的邀请，来该校任教。我之所以决定辞去此前在上海《太平洋报》极为出色的主编工作，除了经亨颐的热情邀请之外，西湖的美景也是一个重要的原因。经亨颐就曾说我本性淡泊，辞去他处厚聘，乐居于杭，一半勾留是西湖。

第一辑　一花一叶，孤芳致洁

我那时已人到中年，而且渐渐厌倦了浮华声色，内心渴望一份安宁和平静，生活方式也渐渐变得内敛起来。我早在《太平洋报》任职期间，平日里便喜欢离群索居，几乎是足不出户。而在这之前，无论是在我的出生和成长之地天津，还是在我"二十文章惊海内"的上海，抑或是在我渡洋留学以专攻艺术的日本东京，我一直都生活在风华旋裹的氛围之中。随着这种心境的转变，到杭州来工作和生活，便成了一个再合适不过的选择。

一九一八年八月十九日，农历七月十三，相传是大势至菩萨的圣诞，我便于这一天在虎跑寺正式剃发出家了，法名演音，号弘一。

到了九月下旬，我移至锡灵隐受戒。正是在受戒期间，我辗转披读了马一孚送我的两本佛门律学典籍，分别是明清之际的二位高僧藕益智旭与见月宝华所著的《灵峰毗尼事义集要》和《宝华传戒正范》，不禁悲欣交集，发愿要让其时弛废已久的佛门律学重光于世。可以说，我后来的一切事物就是从事对佛教律学的研究，如果说因此取得了一点成绩，也正是由此开始起步的。

对于我的出家，历来众说纷纭，莫衷一是。其实，我为此写过一篇《我在西湖出家的经过》，对于自己出家的缘由与经过做了详细的介绍，无论如何，在我看来，佛教为世人提供了一条医治生命无常这一人生根本苦痛的道路，这使我觉得，没有比依佛法修行更为积极和更有意义的人生之路。当人们试图寻找各种各样的原因来解释我走向佛教的原因之时，不要忘记，最重要的原因其实正是来自佛教本身。就我皈依佛教而言，杭州可以说是我精神上的出生地。

/ 我的人生兴趣 /

有人说我在出家前是书法家、画家、音乐家、诗人、戏剧家等，出家后这些造诣更深。其实不是这样的，所有这一切都是我的人生兴趣而已。我认为一个人在他有生之年应多学一些东西，不见得样样精通，如果能做到博学多闻就很好了，也不枉屈自己这一生一世。而我在出家后，拜印光大师为师，所有的精力都致力于佛法的探究上，全身心去了解禅的含义，在这些兴趣上反倒不如以前痴迷了，也就荒疏了不少。然而，每当回忆起那段艺海生涯，总是有说不尽的乐趣！

记得在我十八岁那年，我与茶商之女俞氏结为夫妻。当时哥哥给了我三十万元作贺礼，于是我就买了一架钢琴，开始学习音乐方面的知识，并尝试着作曲。后来我与母亲和妻子搬到了上海法租界，由于上海有我家的产业，我可以以少东家的身份支取相当高的生活费用，也因此得以与上海的名流们交往。当时，上海城南有一个组织叫"城南文社"，每月都有文学比试，我投了三次稿，有幸的是每次都获得第一名。从而与文社的主事许幻园先生成为朋友，他为我们全家在城南草堂打扫了房屋，并让我们移居了过去，在那里我和他及另外三位文友结为金兰之好，还号称是"天涯五友"。后来我们共同成立了"上海书画公会"，每个星期都出版书画报纸，与那些志同道合的同仁们一起探讨研究书画及诗词歌赋。但是这个公社成立不久就解散了。

由于公社解散，而我的长子在出生后不久就夭折了，不久后我的母亲又过世了，多重不幸给我带来了不小的打击。于是我将母亲的遗体运回天津安葬，并把妻子和孩子一起带回天津，我独自一人前往日本求学。在日本我就读于日本当时美术界的最高学府——上野美术学校，而我当时的老师亦是日本最有名的画家之一——黑田清辉。当时我除了学习绘画外，还努力学习音乐和作曲。那时我确实是沉浸在艺术的海洋中，那是一种真正的快乐享受。

我从日本回来后，政府的腐败统治导致国衰民困，金融市

第一辑 一花一叶，孤芳致洁

场更是惨淡，很多钱庄、票号都相继倒闭，我家的大部分财产也因此化为乌有了。我的生活也就不再像以前那样无忧无虑了，为此我到上海城东女校当老师去了，并且同时任《太平洋报》文艺版的主编。但是没多久报社被查封，我也为此丢掉了工作。大概几个月后我应聘到浙江师范学校担任绘画和音乐教员，那段时间是我在艺术领域里驰骋最潇洒自如的日子，也是我一生最忙碌、最充实的日子。

如果说人类的情欲像一座煤矿，在不同的时期有不同的方式，将自己的欲望转变为巨大的能量。而这种转变会因人而异，有大有小、有快有慢、有早有迟。我可能就属于后者，来得比较缓慢了。

出家的因缘

导致我出家的因素有很多，其中不乏小时候的家庭熏染，而有一些应该归功于我在浙江师范的经历。那种忙碌而充实的生活，将我在年轻时沾染上的一些所谓的名士习气洗刷干净，让我更加注重的是为人师表的道德修养的磨炼。因此我感受到了前所未有的清静和平淡，一种空灵的感觉在不知不觉中升起，并充斥到我的全身，就像小时候读佛经时的感觉，但比那时更清澈和明朗了。

民国初期，我来到杭州虎跑寺进行断食修炼，并于此间感悟到佛教的思想境界，于是便受具足戒，从此成为一介"比丘"，与孤灯、佛像、经书终日相伴。如果谈到我为何要选择在他人看来正是声名鹊起、该急流勇进的时候出家，我自

第一辑　一花一叶，孤芳致洁

己也说不太清楚，但我记得导致我出家决心的是我的朋友夏丏尊，他对我讲了一件事。他说他在一本日本杂志上看到一篇关于绝食修行的方法，这种方法可以帮助身心进行更新，从而达到除旧换新、改恶向善的目的，使人生出伟大的精神力量。他还告诉了我一些实行的方法及注意事项，并给了我一本参考书。我对此产生了浓厚的兴趣，总想找机会尝试一下，看看对自己的身心修养有没有帮助。这个念头产生后，就再也控制不了了，于是在当年暑假期间我就到寺中进行了三个星期的断食修炼。

修炼的过程还是很顺利的。第一个星期逐渐减少食量到不食，第二个星期除喝水以外不吃任何食物，第三个星期由喝粥逐渐增加到正常饮食。断食期间，并没有任何痛苦，也没有感到任何的不适，更没有心力憔悴、软弱无力的感觉。反而觉得身心轻快了很多、空灵了很多，心的感受力比以往更加灵敏了，并且颇有文思和洞察力，感觉就像脱胎换骨过了一样。

断食修炼后不久的一天，由一个朋友介绍来的彭先生也来到寺里住下，不承想他只住了几天，就感悟到身心的舒适，竟由住持为其剃度，出家当了和尚。我看了这一切，受到极大的撞击和感染，于是由了悟禅师为我定了法名为演音，法号是弘一。但是我只归依了三宝，没有剃度，成为一个在家修行的居士。我本想就此以居士的身份，住在寺里进行修持，因为我也曾经考虑到出家的种种困难。然而我一个好朋友说的一句话让我彻底下了出家为僧的决心。

在我成为居士并住在寺里后，我的那位好朋友，再三邀请我到南京高师教课，我推辞不过，于是经常在杭州和南京两地奔走，有时一个月要数次。朋友劝我不要这样劳苦，我说："这是信仰的事情，不比寻常的名利，是不可以随便迁就或更改的。"我的朋友后悔不该强行邀请我在高师任教，于是我就经常安慰他，这反倒使他更加苦闷了。终于，有一天他对我说："与其这样做居士究竟不彻底，不如索性出家做了和尚，倒清爽！"这句话对我犹如醍醐灌顶，一语就警醒了我。是呀，做事做彻底，不干不净的很是麻烦。于是在这年暑假，我就把我在学校的一些东西分给了朋友和校工们，仅带了几件衣物和日常用品，回到虎跑寺剃度做了和尚。

有很多人猜测我出家的原因，而且争议颇多。我并不想去昭告天下，我为何出家。因为每个人做事，有每个人的原则、兴趣、方式方法以及对事物的理解，这些本就是永远不会相同的，就是说了他人也不会理解，所以干脆不说，慢慢他人就会淡忘的。至于我当时的心境，我想更多的是为了追求一种更高、更理想的方式，以教化自己和世人！

/ 追求律学的真谛 /

由于我出家后，总是选择清静祥和的地方，要么闭关诵读佛经，要么就是从事写作，有时为大众讲解戒律修持，所以人们经常感到我行踪不定，找不到我。其实佛法无处不在，有佛法的地方就会有我。而我对佛教戒律学的研究可说是情有独钟，我夜以继日地加以研究，就算倾注我毕生的精力也在所不惜！而且我出家后，认定了弘扬律学的精要，一直都过着持律守戒的生活。这种生活对我的修行起了很大的帮助。

我最初接触律学，主要是朋友马一孚居士送给我的一本名叫《灵峰毗尼事义集要》和一本名叫《宝华传戒正范》的书，我非常认真地读过后，真是悲欣交集，心境通彻，亦因此下定决心要学戒，以弘扬法正。

第一辑　一花一叶，孤芳致洁

《灵峰毗尼事义集要》是明末高僧藕益智旭法师的精神旨要，而《宝华传戒正范》是明末的见月宝华法师为传戒所制定的戒律标准。我仔细研读了两位前辈大德的著作后，由衷地感叹大师的修行法旨，也不得不发出感慨，慨叹现在的佛门戒律颓废，很多的僧人没有真正的戒律可以遵守，如果长久下去，佛法将无法长存，僧人也将不复存在了，这是我下决心学习律学的原因。我常想："我们在此末法时节，所有的戒律都是不能得的，其中有很多的原因。"而现在没有能够传授戒律的人，长此以往我认为僧种可能就断绝了。请大家注意，我所说的"僧种断绝"，不是说中国没有僧人了，而是说真正懂得戒律和能遵守戒律的僧人，不复存在了！

想到这些后，我于一九二一年到温州庆福寺进行闭关修持，后又学习《南山律》。经过长时间的研究和习作后，我便在西湖玉泉寺，用了四年的时间，撰写了《四分律比丘戒相表记》。从这本书中不难看出，我所从事的佛学思想体系以《华严》为境，《四律》为行，导归净土为果。

像我这样初入佛门，便选择了律学为我毕生的研究方向的僧人，是非常少见的，这令我感到很伤感。如果能有更多的僧人像我这样，持戒守律，那么佛法的发扬光大将不是难事！

从容弘法的感悟

从我出家以后,一直到现在,近二十年的时间里,我一直在修持戒律,并且一直不曾化缘、修庙、剃度徒众,也不曾做过住持或监院之类的职务,甚至极少接受一般人的供养。有的时候供养确实是无法推却,只好收下,然后转给寺庙。至于我个人的日常花用,一般由我过去的几位朋友或学生来赞助的。因为我自开始修持戒律后,从律学的角度来讲,随便收受他人的馈赠,即便是施主真心真意的供养,也是犯了五戒中的盗戒;再者说,随便收受他人的馈赠,会滋养恶习,不利于修行,更不利于佛法的参悟。所以,我对金钱方面的事情,极为注意,丝毫不敢懈怠。记得我在出家后的第三年时,有一位上海的居士寄钱给我,让我买僧衣和日常用品,我把钱退了回去,并婉言相告表示谢意。

在我出家的这二十年时间里，我先后在杭州的玉泉寺、嘉兴精严寺、衢州莲华寺、温州庆福寺等数十处寺庙住过，其中在温州的时间最长。现在这几年一直住在闽南，主要是在泉州和厦门。在闽南的这段时间，我一直是在写书，并将写成的书向僧众们讲解，将宣传戒律的决心付诸于行动。

在闽南期间是我宣扬戒律最重要的时期，而其间让我感到欣慰的是，每到一处讲解戒律时，都会有众多的僧人前来听录，他们都非常认真。这前后跟我经常在一起的有性常、义俊、瑞今、广洽等十余人，他们都为我宣讲律学给予了不少的帮助。

自此可见，佛法的真实理论和修行的严谨方法，是众多出家人都渴望得到的，也因此我不再害怕佛法不能弘扬了。看来作为一个学道的人，只要心中有春意，就不用以世俗的享受来愉悦自己，倒是世间的一切，均可以使自己感到快乐。更何况是为解脱世间众多受苦人的事业而努力，只要有一点成绩和希望，我们都应感到欣喜。

辛丑北征泪墨

游子无家，朔南驰逐。值兹离乱，弥多感哀。城郭人民，慨怆今昔。耳目所接，辄志简编。零句断章，积焉成帙。重加厘削，定为一卷。不书时日，酬应杂务。百无二三，颜曰：《北征泪墨》，以示不从日记例也。

辛丑初夏，惜霜识于海上李庐。

光绪二十七年（一九〇一年）春正月，拟赴豫省仲兄。将启行矣，填《南浦月》一阕海上留别词云：

杨柳无情，丝丝化作愁千缕。惺忪如许，萦起心头绪。谁道销魂，尽是无凭据。离亭外，一帆风雨，只有人归去。

越数日启行，风平浪静，欣慰殊甚。落日照海，白浪翻银，精彩眩目。群鸟翻翼，回翔水面。附海诸岛，若隐若现。是夜

第一辑 一花一叶,孤芳致洁

梦至家,见老母、室人作对泣状,似不胜离别之感者。余亦潸然涕下。比醒时,泪痕已湿枕矣。

途经大沽口,沿岸残垒败灶,不堪极目。《夜泊塘沽》诗云:

杜宇声声归去好,天涯何处无芳草。春来春去奈愁何?流光一霎催人老。

新鬼故鬼鸣喧哗,野火磷磷树影遮。月似解人离别苦,清光减作一钩斜。

晨起登岸,行李冗赘。至则第一次火车已开往矣。欲寻客邸暂驻行踪,而兵燹之后,旧时旅馆率皆颓坏。有新筑草舍三间,无门窗床几,人皆席地坐,杯茶盂馔,都叹缺如。强忍饥渴,兀坐长喟。至日暮,始乘火车赴天津。路途所经,庐舍大半烧毁。抵津城,而城墙已拆去,十无二三矣。侨寄城东姚氏庐,逢旧日诸友人,晋接之余,忽忽然如隔世。唐句云:"乍见翻疑梦,相悲各问年。"其此境乎!到津次夜,大风怒吼,金铁皆鸣,愁不成寐,诗云:

世界鱼龙混,天心何不平!岂因时事感,偏作怒号声。烛尽难寻梦,春寒况五更。马嘶残月坠,笳鼓万军营。

居津数日,拟赴豫中。闻土寇蜂起,虎踞海隅,屡伤洋兵,行人惴惴。余自是无赴豫之志矣。小住二旬,仍归棹海上。

一念放下，自在洒脱：李叔同的禅悟人生课

天津北城旧地，拆毁甫毕。尘积数寸，风沙漫天，而旷阔逾恒，行道者便之。

晤日本上冈君，名岩太，字白电，别号九十九洋生，赤十字社中人，今在病院。笔谈竟夕，极为契合，蒙勉以"尽忠报国"等语，感愧殊甚。因成七绝一章，以当诗云：

杜宇啼残故国愁，虚名遑敢望千秋。男儿若论收场好，不是将军也断头。

越日，又偕赵幼梅师、大野舍吉君、王君耀忱及上冈君，合拍一照于育婴堂，盖赵师近日执事于其间也。

居津时，日过育婴堂，访赵幼梅师，谈日本人求赵师书者甚多，见予略解分布，亦争以缣素嘱写。颇有应接不暇之势。追忆其姓名，可记者，曰神鹤吉、曰大野舍吉、曰大桥富藏、曰井上信夫、曰上冈岩太、曰塚崎饭五郎、曰稻垣几松。就中大桥君有书名，予乞得数幅。又丐赵师转求千叶治书一联，以千叶君尤负盛名也。海外墨缘，于斯为盛。

北方当仲春天气，犹凝阴积寒。抚事感时，增人烦恼。旅馆无俚。读李后主《浪淘沙》词"帘外雨潺潺，春意阑珊。罗衾不耐五更寒"句，为之怅然久之。既而，风雪交加，严寒砭骨，身着重裘，犹起栗也。《津门清明》诗云：

第一辑 一花一叶,孤芳致洁

一杯浊酒过清明,觞断樽前百感生。辜负江南好风景,杏花时节在边城。

世人每好作感时诗文,余雅不喜此事。曾有诗以示津中同人。诗云:

千秋功罪公评在,我本红羊劫外身。自分聪明原有限,羞从事后论旁人。

北地多狂风,今岁益甚。某日夕,有黄云自西北来,忽焉狂风怒号,飞沙迷目。彼苍苍者其亦有所感乎!

二月杪,整装南下,第一夜宿塘沽旅馆。长夜漫漫,孤灯如豆,填《西江月》一阕词云:

残漏惊人梦里,孤灯对景成双。前尘渺渺几思量,只道人归是谎。谁说春宵苦短,算来竟比年长。海风吹起夜潮狂,怎把新愁吹涨。

越日,日夕登轮。诗云:

感慨沧桑变,天边极目时。晚帆轻似箭,落日大如箕。风卷旌旗走,野平车马驰。河山悲故国,不禁泪双垂。

开轮后,入夜管弦嘈杂,突惊幽梦。倚枕静听,音节斐亹,飒飒动人。昔人诗云:"我已三更鸳梦醒,犹闻帘外有笙歌。"不图于今日得之。

舟泊烟台,山势环拱,帆樯云集,海水莹然,作深碧色。往来渔舟,清可见底。登高眺远,幽怀顿开。诗云:

澄澄一水碧琉璃,长鸣海鸟如儿啼。晨日掩山白无色,□□□□青天低。

午后,偕友登烟台岸小憩,归来已日暮。□□□开轮。午餐后,同人又各奏乐器,笙琴笛管,无美不□。迭奏未已,继以清歌。愁人当此,虽可差解寂寥。然河满一声,奈何空唤;适足增我回肠荡气耳。枕上口占一绝,云:

子夜新声碧玉环,可怜肠断念家山。劝君莫把愁颜破,西望长安人未还。

惜福、习劳、持戒和自尊

本文系弘一法师一九三六年二月在厦门南普陀寺佛教养正院开学日讲

养正院从开办到现在,已是一年多了。外面的名誉很好,这因为由瑞金法师主办,又得各位法师热心爱护,所以能有这样的成绩。

我这次到厦门,得来这里参观,心里非常欢喜。各方面的布置都很完美,就是地上也扫得干干净净的,这样,在别的地方,很不容易看到。

我在泉州草庵大病的时候,承诸位写一封信来,各人都签了名,慰问我的病状;并且又承诸位念佛七天,代我忏悔,还有像这样的别的事情,都使我感激万分!

再过几个月,我就要到鼓浪屿日光岩去方便闭关了。时期大约颇长久,怕不能时时会到,所以特地发心来和诸位叙谈叙谈。

今天所要和诸位谈的,共有四项:一是惜福,二是习劳,三是持戒,四是自尊,都是青年佛徒应该注意的。

一、惜福

"惜"是爱惜,"福"是福气。就是我们纵有福气,也要加以爱惜,切不可把它浪费。诸位要晓得:末法时代,人的福气是很微薄的,若不爱惜,将这很薄的福享尽了,就要受莫大的痛苦,古人所说"乐极生悲",就是这意思啊!我记得从前小孩子的时候,我父亲请人写了一副大对联,是清朝刘文定公的句子,高高地挂在大厅的抱柱上,上联是"惜食,惜衣,非为惜财缘惜福"。我的哥哥时常教我念这句子,我念熟了,以后凡是临到穿衣或是饮食的当儿,我都十分注意,就是一粒米饭,也不敢随意糟掉;而且我母亲也常常教我,身上所穿的衣服当时时小心,不可损坏或污染。因为母亲和哥哥怕我不爱惜衣食,损失福报以致短命而死,所以常常这样叮嘱着。

诸位可晓得,我五岁的时候,父亲就不在世了!七岁我练习写字,拿整张的纸瞎写,一点儿不知爱惜,我母亲看到,就

第一辑 一花一叶，孤芳致洁

正言厉色地说："孩子！你要知道呀！你父亲在世时，莫说这样大的整张的纸不肯糟蹋，就连寸把长的纸条，也不肯随便丢掉哩！"母亲这话，也是惜福的意思啊！

这样的家庭教育，深深地印在脑里，后来年纪大了，也没一时不爱惜衣食；就是出家以后，一直到现在，也还保持着这样的习惯。诸位请看我脚上穿的一双黄鞋子，还是一九二〇年在杭州时候，一位打念佛七的出家人送给我的。诸位有空，可以到我房间里来看看，我的棉被面子，还是出家以前所用的；又有一把洋伞，也是一九一一年买的。这些东西，即使有破烂的地方，请人用针线缝缝，仍旧同新的一样了。简直可尽我形寿受用着哩！不过，我所穿的小衫裤和罗汉草鞋一类的东西，却须五六年一换，除此以外，一切衣物，大都是在家时候或是初出家时候制的。

从前常有人送我好的衣服或别的珍贵之物，但我大半都转送别人。因为我知道我的福薄，好的东西是没有胆量受用的。又如吃东西，只生病时候吃一些好的，除此以外，从不敢随便乱买好的东西吃。

惜福并不是我一个人的主张，就是净土宗大德印光老法师也是这样，有人送他白木耳等补品，他自己总不愿意吃，转送到观宗寺去供养谛闲法师。别人问他:"法师!你为什么不吃好的补品?"

他说:"我福气很薄,不堪消受。"

他老人家——印光法师,性情刚直,平常对人只问理之当不当,情面是不顾的。前几年有一位皈依弟子,是鼓浪屿有名的居士,去看望他,和他一道吃饭。这位居士先吃好,老法师见他碗里剩落了一两粒米饭,于是就很不客气地大声呵斥道:

"你有多大福气,可以这样随便糟蹋饭粒!你得把它吃光!"

诸位!以上所说的话,句句都要牢记!要晓得:我们即使有十分福气,也只好享受三分,所余的可以留到以后去享受;诸位或者能发大心,愿以我的福气,布施一切众生,共同享受,那更好了。

二、习劳

"习"是练习,"劳"是劳动。现在讲讲习劳的事情:

诸位请看看自己的身体,上有两手,下有两脚,这原为劳动而生的。若不将它们运用习劳,不但有负两手两脚,就是仅对于身体而言也一定是有益无害的。换句话说:若常常劳动,

第一辑　一花一叶，孤芳致洁

身体必定康健。而且我们要晓得：劳动原是人类本分上的事，不唯我们寻常出家人要练习劳动，即使到了佛的地位，也要常常劳动才行，现在我且讲讲佛的劳动的故事：

所谓佛，就是释迦牟尼佛。在平常人想起来，佛在世时，总以为同现在的方丈和尚一样，有衣钵师、侍者师常常侍候着，佛自己不必做什么。但是不然。有一天，佛看到地下不是很清洁，自己就拿起扫帚来扫地，许多大弟子见了，也过来帮扫，不一时，把地扫得十分清洁。佛看了欢喜，随即到讲堂里说道：

"若人扫地，能得五种功德。"

又有一个时候，佛和阿难出外游行，在路上碰到一个喝醉了酒的弟子，已醉得不省人事了；佛就命阿难抬脚，自己抬头，一直抬到井边，用桶汲水，叫阿难把他洗濯干净。

有一天，佛看到门前木头做的横楣坏了，自己动手去修补。

有一次，一个弟子生了病，没有人照应，佛就问他说："你生了病，为什么没人照应你？"

那弟子说："从前人家有病，我不曾发心去照应他；现在我有病，所以人家也不来照应我了。"

佛听了这话，就说："人家不来照应你，就由我来照应你吧！"

就将那病弟子的大小便等种种污秽，洗濯得干干净净；并且还将他的床铺，理得清清楚楚，然后扶他上床。由此可见，佛是怎样的习劳了。佛决不像现在的人，凡事都要人家服劳，自己坐着享福。这些事实，出于经律，并不是凭空说说的。

现在我再说两桩事情给大家听听。《弥陀经》中载着的一位大弟子——阿冕楼陀，他双目失明，不能料理自己，佛就替他裁衣服，还叫别的弟子一同帮着做。

有一次，佛看到一位老年比丘眼睛花了，要穿针缝衣，无奈眼睛看不清楚，嘴里叫着：

"谁能替我穿针呀！"

佛听了立刻答应说：

"我来替你穿。"

以上所举的例，都足证明佛是常常劳动的。我盼望诸位，也当以佛为模范，凡事自己动手去做，不可依赖别人。

三、持戒

"持戒"二字的意义，我想诸位总是明白的吧！我们不说修到菩萨或佛的地位，就是想来生再做人，最低的限度，也要能持五戒。可惜现在受戒的人虽多，只是挂个名而已，切切实实能持戒的却很少。要知道：受戒之后，若不持戒，所犯的罪，比不受戒的人要加倍的大。所以我时常劝人不要随便受戒。至于现在一般传戒的情形，看了真痛心，我实在说也不忍说了！我想最好还是随自己的力量去受戒，万不可敷衍门面，自寻苦恼。

戒中最重要的，不用说是杀、盗、淫、妄，此外还有饮酒、食肉，也易惹人讥嫌。至于吃烟，在律中虽无明文，但在我国习惯上，也很容易受人讥嫌的，总以不吃为是。

四、自尊

"尊"是尊重，"自尊"就是自己尊重自己，可是人都喜欢人家尊重我，而不知我自己尊重自己；不知道要想人家尊重自己，必须从我自己尊重自己做起。怎样尊重自己呢？就是自己时时想着：我当成一个伟大的人，做一个了不起的人。比如我们想做一位清净的高僧吧，就拿《高僧传》来读，看他们怎样行，我也怎样行，所谓："彼既丈夫我亦尔。"又比方我想将来做一位大菩萨，那么，就当依经中所载的菩萨行，随力行去。这就是自尊。但自尊与贡高不同；贡高是妄自尊大，目空一切的胡乱行为；自尊是自己增进自己的德业，其中并没有一丝一毫看不起人的意思。

诸位万万不可以为自己是一个小孩子，是一个小和尚，一切不妨随便些，也不可说我是一个平常的出家人，哪里敢希望做高僧、做大菩萨。凡事全在自己去做，能有高尚的志向，没有做不到的。

诸位如果这样想：我是不敢希望做高僧、做大菩萨的。那做事就随随便便，甚至自暴自弃，走到堕落的路上去了，那不是很危险的吗？诸位应当知道：年纪虽然小，志气却不可不高啊！

我还有一句话，要向大家说，我们现在依佛出家，所处的地位是非常尊贵的，就以剃发、披袈裟的形式而论，也是人天师表，国王和诸天人来礼拜，我们都可端坐而受。你们知道这道理吗？自今以后，就当尊重自己，万万不可随便了。

以上四项，是出家人最当注意的，别的我也不多说了。我不久就要闭关，不能和诸位时常在一块儿谈话，这是很抱歉的。但我还想在关内讲讲律，每星期约讲三四次，诸位碰到例假，不妨来听听！今天得和诸位见面，我非常高兴。我只希望诸位把我所讲的四项，牢记在心，作为永久的纪念！时间讲得很久了，费诸位的神，抱歉！抱歉！

/改习惯/
癸酉在泉州承天寺讲

吾人因多生以来之夙习,及以今生自幼所受环境之熏染,而自然现于身口者,名曰习惯。

习惯有善有不善,今且言其不善者。常人对于不善之习惯,而略称之曰习惯。今依俗语而标题也。

在家人之教育,以矫正习惯为主。出家人亦尔。但近世出家人,唯尚谈玄说妙。于自己微细之习惯,固置之不问。即自己一言一动,极粗显易知之习惯,亦罕有加以注意者。可痛叹也。

余于三十岁时,即觉知自己恶习惯太重,颇思尽力对治。出家以来,恒战战兢兢,不敢任情适意。但自愧恶习太重。二十年来,所矫正者百无一二。自今以后,愿努力痛改。更愿有缘诸道侣,亦皆奋袂兴起,同致力于此也。

吾人之习惯甚多。今欲改正,宜依如何之方法耶?若胪列多条,而一时改正,则心劳而效少,以余经验言之,宜先举一条乃至三四条,逐日努力检点,既已改正,后再逐渐增加可耳。

今春以来,有道侣数人,与余同研律学,颇注意于改正习惯。数月以来,稍有成效。今愿述其往事,以告诸公。但诸公欲自改其习惯,不必尽依此数条,尽可随宜酌定。余今所述者,特为诸公作参考耳。

学律诸道侣,已改正习惯,有七条。

一、食不言。现时中等以上各寺院,皆有此制,故改正甚易。

二、不非时食。初讲律时,即由大众自己发心,同持此戒。后来学者亦尔。遂成定例。

三、衣服朴素整齐。或有旧制,色质未能合宜者,暂作内衣,外罩如法之服。

四、别修礼诵等课程。每日除听讲、研究、抄写及随寺众课诵外,皆别自立礼诵等课程,尽力行之。或有每晨于佛前跪读法华经者,或有读华严经者,或有读金刚经者,或每日念佛一万以上者。

五、不闲谈。出家人每喜聚众闲谈,虚丧光阴,废弛道业,可悲可痛！今诸道侣，已能渐除此习。每于食后，或傍晚、休息之时，皆于树下檐边，或经行，或端坐，若默诵佛号，若朗读经文，若默然摄念。

六、不阅报。各地日报，社会新闻栏中，关于杀盗淫妄等事，记载最详。而淫欲诸事，尤描摹尽致。虽无淫欲之人，常阅报纸，亦必受其熏染。此为现代世俗教育家所痛慨者。故学律诸道侣，近已自己发心不阅报纸。

七、常劳动。出家人性多懒惰，不喜劳动。今学律诸道侣，皆已发心，每日扫除大殿及僧房檐下，并奋力作其他种种劳动之事。

以上已改正之习惯，共有七条。

尚有近来特实行改正之二条，亦附列于下：

一、食碗所剩饭粒。印光法师最不喜此事。若见剩饭粒者，即当面痛呵斥之。所谓施主一粒米，恩重大如山也。但若烂粥烂面留滞碗上不易除去者，则非此限。

二、坐时注意威仪。垂足坐时，双腿平列。不宜左右互相翘架，更不宜耸立或直伸。余于在家时，已改此习惯。且现代出家人普通之威仪，亦不许如此。想此习惯不难改正也。

总之，学律诸道侣，改正习惯时，皆由自己发心。决无人出命令而禁止之也。

改过实验谈

癸酉正月在厦门妙释寺讲

今值旧历新年,请观厦门全市之中,新气象充满,门户贴新春联,人多着新衣,口言恭贺新禧、新年大吉等。我等素信佛法之人,当此万象更新时,亦应一新乃可。我等所谓新者何,亦如常人贴新春联、着新衣等以为新乎?曰:"不然。"我等所谓新者,乃是改过自新也。但"改过自新"四字范围太广,若欲演讲,不知从何说起。今且就余五十年来修省改过所实验者,略举数端为诸君言之。

余于讲说之前,有须预陈者,即是以下所引诸书,虽多出于儒书,而实合于佛法。因谈玄说妙修证次第,自以佛书最为详尽。而我等初学之人,持躬敦品、处事接物等法,虽佛书中亦有说者，但儒书所说，尤为明白详尽适于初学。故今多引之，以为吾等学佛法者之一助焉。以下分为总论别示二门。

总论者，即是说明改过之次第：

一、学　须先多读佛书儒书，详知善恶之区别及改过迁善之法。倘因佛儒诸书浩如烟海，无力遍读，而亦难于了解者，可以先读《格言联璧》一部。余自儿时，即读此书。归信佛法以后，亦常常翻阅，甚觉其亲切而有味也。此书佛学书局有排印本甚精。

二、省　既已学矣，即须常常自己省察，所有一言一动，为善欤，为恶欤？若为恶者，即当痛改。除时时注意改过之外，又于每日临睡时，再将一日所行之事，详细思之。能每日写录日记，尤善。

三、改　省察以后，若知是过，即力改之。诸君应知改过之事，乃是十分光明磊落，足以表示伟大之人格。故子贡云："君子之过也，如日月之食焉；过也人皆见之，更也人皆仰之。"又古人云："过而能知，可以谓明。知而能改，可以即圣。"诸君可不勉乎？

别示者，即是分别说明余五十年来改过迁善之事。但其事甚多，不可胜举。今且举十条为常人所不甚注意者，先与诸君言之。《华严经》中皆用十之数目，乃是用十以表示无尽之意。今余说改过之事，仅举十条，亦尔；正以示余之过失甚多，实无尽也。此次讲说时间甚短，每条之中仅略明大意，未能详言，若欲知者，且俟他日面谈耳。

一、虚心　常人不解善恶，不畏因果，决不承认自己有过，更何论改？但古圣贤则不然。今举数例。孔子曰："五十以学易，可以无大过矣。"又曰："闻义不能徙，不善不能改，是吾忧也。"蘧伯玉为当时之贤人，彼使人于孔子。孔子与之坐而问焉，曰："夫子何为？"对曰："夫子欲寡其过而未能也。"圣贤尚如此虚心，我等可以贡高自满乎？

二、慎独　吾等凡有所作所为，起念动心，佛菩萨乃至诸鬼神等，无不尽知尽见。若时时作如是想，自不敢胡作非为。曾子曰："十目所视，十手所指，其严乎！"又引《诗》云："战战兢兢，如临深渊，如履薄冰。"此数语为余所常常忆念不忘者也。

三、宽厚　造物所忌，曰刻曰巧。圣贤处事，唯宽唯厚。古训甚多，今不详录。

四、吃亏　古人云："我不识何等为君子，但看每事肯吃亏的便是。我不识何等为小人，但看每事好便宜的便是。"古时有贤人某临终，子孙请遗训，贤人曰："无他言，尔等只要学吃亏。"

五、寡言　此事最为紧要。孔子云："驷不及舌。"可畏哉！古训甚多，今不详录。

六、不说人过　古人云："时时检点自己且不暇，岂有功夫检点他人。"孔子亦云："躬自厚而薄责于人。"以上数语，余常不敢忘。

七、不文己过　子夏曰："小人之过也必文。"我众须知文过乃是最可耻之事。

八、不覆己过　我等倘有得罪他人之处，即须发大惭愧，生大恐惧。发露陈谢，忏悔前愆。万不可顾惜体面，隐忍不言，自诳自欺。

九、闻谤不辩　古人云："何以息谤？曰：无辩。"又云："吃得小亏，则不至于吃大亏。"余三十年来屡次经验，深信此数语真实不虚。

十、不瞋　瞋习最不易除。古贤云："二十年治一怒字，尚未消磨得尽。"但我等亦不可不尽力对治也。《华严经》云："一念瞋心，能开百万障门。"可不畏哉！

因限于时间，以上所言者殊略，但亦可知改过之大意。

最后，余尚有数言，愿为诸君陈者：改过之事，言之似易，行之甚难。故有屡改而屡犯，自己未能强作主宰者，实由无始宿业所致也。务请诸君更须常常持诵阿弥陀佛名号，观世音地藏诸大菩萨名号，至诚至敬，恳切忏悔无始宿业，冥冥中自有不可思议之感应。承佛菩萨慈力加被，业消智朗，则改过自新之事，庶几可以圆满成就，现生优入圣贤之域，命终往生极乐之邦，此可为诸君预贺者也。

常人于新年时，彼此晤面，皆云恭喜，所以贺其将得名利。余此次于新年时，与诸君晤面，亦云恭喜，所以贺诸君将能真实改过不久将为贤为圣；不久决定往生极乐，速成佛道，分身十方，普能利益一切众生耳。

/ 断食日志 /

（此为弘一大师于出家前两年在杭州大慈山虎跑寺试验断食时所记之经过。自入山至出山，首尾共二十天。对于起居身心，详载靡遗。据大师年谱所载，时为民国五年，大师三十七岁。他利用一九一六年阳历年假期，到大慈山虎跑寺断食，陪他去的是校工闻玉。几天前，他曾看过一篇文章，介绍断食的方法：第一周食量逐渐减少；第二周不食人间烟火；第三周食量逐渐增加，恢复正常。他写下断食日记，详细记载下这一段不寻常的经历。）

丙辰嘉平一日始。断食后，易名欣，字俶同，黄昏老人，李息。

十一月廿二日，决定断食。祷诸大神之前，神诏断食，故决定之。

择录村井氏说：妻之经验。最初四日，预备半断食。六月五日、六日，粥、梅干。七日、八日，重汤、梅干。九日始本断食，安静。饮用水一日五合，一回一合，分五六回服用。第二日，饥饿胸烧，舌生白苔。第三、四日，肩腕痛。第四日，腹部全体凝固，体倦就床，晨轻晚重。第五日，同，稍轻减，坐起一度散步。第六日，轻减，气氛爽快，白苔消失，胸烧愈。第七日，晨平稳，断食期至此止。

后一日，摄重汤，轻二碗三回，梅干无味。后二日，同。后三日，粥、梅干、胡瓜，实入吸物。后四日，粥、吸物、少量刺身。后五日，粥、野菜、轻鱼。后六日，普通食，起床，此两三日，手足浮肿。

断食期内，或体痛不能眠，或下痢，或嚏。便时以不下床为宜。预备断食或一周间，粥三日，重汤四日。断食后或须一周间，重汤三日，粥四日，个半月体量恢复。半断食时服ゾチネ。

到虎跑寺携带品：被褥帐枕，米，梅干，杨子，齿磨，手巾手帕，便器，衣，洒水布，ゾチネ，日记纸笔书，番茶，镜。

预定期间：一日下午赴虎跑。上午闻玉去预备。中食饭，晚食粥、梅干。二日、三日、四日，粥、梅干。五日、六日、七日，重汤、梅干。八日至十七日断食。十八日、十九日、二十日，重汤、梅干。廿一日、廿二日、廿三日、廿四日，粥、梅干、轻菜食。

廿五日返校，常食。廿八日返沪。

卅日晨，命闻玉携蚊帐、米、纸、糊、用具到虎跑。室宜清闲，无人迹，无人声，面南，日光遮北，以楼为宜。是晚食饭，拂拭大小便器、桌椅。

午后四时半入山，晚餐素菜六箧（音癸，盛食物的圆形器具），极鲜美。食饭二盂，尚未餍，因明日始即预备断食，强止之。榻于客堂楼下，室面南，设榻于西隅，可以迎朝阳。闻玉设榻于后一小室，仅隔一板壁，故呼应便捷。晚燃菜油灯，作楷八十四字。自数日前病感冒，伤风微嗽，今日仍未愈。口干鼻塞，喉紧声哑，但精神如常。八时眠，夜间因楼上僧人足声时作，未能安眠。

十二月一日，晴，微风，五十度。断食前期第一日。疾稍愈，七时半起床。是日午十一时食粥二盂，紫苏叶二片，豆腐三小方。晚五时食粥二盂，紫苏叶二片，梅一枚。饮冷水三杯，有时混杏仁露，食小橘五枚，午后到寺外运动。

余平日之常课，为晨起冷水擦身，日光浴，眠前热水洗足。自今日起冷水擦身暂停，日光浴时间减短，洗足之热水改为温水，因欲使精神聚定，力避冷热极端之刺激也。对于后人断食者，应注意如下：

(一)未断食时练习多食冷开水。断食初期改食冷生水,渐次加多。因断食时日饮五杯冷水殊不易,且恐腹泻也。

(二)断食初期时之粥或米汤,于微温时食之,不可太热。因与冷水混合,恐致腹痛。

余每晨起后,必通大便一次。今晨如常,但十时后屡放屁不止。二时后又打嗝儿甚多,此为平日所无。是日书楷字百六十八,篆字百零八。夜观焰口,至九时始眠。夜微嗽多恶梦,未能入眠。

二日,晴和,五十度。断食前期第二日。七时半起床,晨起无大便。是日午前十一时食粥一盂,梅一枚,紫苏叶二片。午后五时同。饮冷水三杯,食橘子三枚,因运动归来体倦故。是日舌苔白,口内黏滞,上牙里皮脱,精神如常,但过则疲□□。运动微觉疲倦,头目眩晕。自明日始即不运动。

晚侍和尚念佛,静坐一小时。写字百三十二,是日鼻塞。摹大同造像一幅,原拓本自和尚假来,尚有三幅明后续□□。八时半眠,夜梦为升高跳越运动。其处为器具拍卖场,陈设箱柜几椅并玩具装饰品等。余跳越于上,或腾空飞行于其间,足不履地,灵捷异常,获优胜之名誉。旁观有德国工程师二人,皆能操北京语。一人谓有如此之技能,可以任远东大运动会之某种运动,必获优胜,余逊谢之。一人谓练习身体,断食最有效,

第一辑　一花一叶，孤芳致洁

吾二人已二日不食。余即告余现在虎跑断食，亦已预备二日矣。其旁又有一中国人，持一表，旁写题目，中并列长短之直红线数十条，如计算增减高低之表式，是记余跳越高低之顺序者。是人持以示余，谓某处由低而高而低之处，最不易跳越，赞余有超人之绝技。后余出门下土坡，屡遇西洋妇人，皆与余为礼，贺余运动之成功，余笑谢之。梦至此遂醒。余生平未尝为一次运动，亦未尝梦中运动，头脑中久无此思想，忽得此梦，至为可异，殆因胃内虚空有以致之欤？

三日，晴和，五十二度。断食前第三日。七时半起床。是晨觉饥饿，胸中搅乱，苦闷异常，口干饮冷水。勉坐起披衣，头昏心乱，发虚汗作呕，力不能支，仍和衣卧少时。饮梅茶二杯，乃起床，精神疲惫，四肢无力。九时后精神稍复原，食橘子二枚。是晨无大便，饮药油一剂，十时半软便一次，甚畅快。十一时水泻一次，精神颇佳，与平常无大异。十一时二十分食粥半盂，梅一个，紫苏一枚。摹普泰造像、天监造像二页。饮水、食物，喉痛，或因泉水性太烈，使喉内脱皮之故。午后四时，饮水后打嗝笃，食小梨一个，五时食粥半盂。是日感冒伤风已愈，但有时微嗽。是日午后及晚，侍和尚念佛静坐一小时。八时半眠。入山预断以来，即不能为长时之安眠，旋睡旋醒，辗转反侧。

四日,晴和,五十三度。断食前第四日。七时半起床。是晨气闷心跳口渴,但较昨晨则轻减多矣,饮冷水稍愈。起床后头微晕,四肢乏力。食小橘一枚,香蕉半个。八时半精神如常,上楼访弘声上人,借佛经三部。午后散步至山门,归来已觉微疲。是日打嗝儿甚多,口时作渴,一共饮冷水四大杯。摹大明造像一页。写楷字八十四,篆字五十四。无大便。四时后头昏,精神稍减,食小橘二枚。是日十一时饮米汤二盂,食米粒二十余。八时就床,就床前食香蕉半个。自预备断食,每夜三时后腿痛,手足麻木。(余前每逢严冬有此旧疾,但不甚剧。)

五日,晴和,五十三度。断食前第五日。七时半起床。是夜前半颇觉身体舒泰,后半夜仍腿痛,手足麻木。三时醒,口干,心微跳,较昨减轻。食香蕉半个,饮冷水稍眠。六时醒,气体甚好。起床后不似前二日之头晕乏力,精神如常,心胸愉快。到菜园采花供铁瓶。食梨半个,吐渣。自昨日起,多写字,觉左腰痛。是日腹中屡屡作响,时流鼻涕,喉中肿烂尚未愈。午后侍和尚念经静坐一小时,微觉腰痛,不如前日之稳静。三时食梨半个,吐渣。食香蕉半个。午、晚饮米汤一盂。写字百六十二。傍晚精神稍差,恶寒口渴。本定于后日起断食,改自明日起断食,奉神诏也。

第一辑 一花一叶，孤芳致洁

断食期内，每日饮梨汁一个之分量，饮橘汁三小个之分量，饮毕漱口。又因信仰上每晨餐神供生白米一粒，将眠，食香蕉半个。是日无大便，七时就床。是夜神经过敏甚剧，加以鼠声人鼾声，终夜未安眠。口甚干，后半夜腿痛稍轻，微觉肩痛。

六日，晴暖，晚半阴，五十六度。断食正期第一日。八时起床。三时醒，心跳胸闷，饮冷水橘汁及梅茶一杯。八时起床，手足乏力。头微晕，执笔作字殊乏力，精神不如昨日。八时半饮梅茶一杯。脑力渐衰，眼手不灵，写日记时有误字，多遗忘。九时半后精神稍可。十时后精神甚佳，口渴已愈。数日来喉中肿烂亦愈。今日到大殿去二次，计上下廿四级石阶四次，已觉足乏力，为以前所无。是日共饮梨汁一杯，橘汁二杯。傍晚精神不衰，较胜昨日，但足乏力耳。仍时流鼻涕，晚间精神尤佳。是日不觉如何饥饿。晚有便意，仅放屁数个，仍无便。是夜能安眠，前半夜尤稳安舒泰。眠前以棉花塞耳，并诵神人合一之旨。夜间腿痛已愈，但左肩微痛。七时就床，梦变为丰颜之少年，自谓系断食之效。

七日，阴复晴，夜大风，五十四度。断食正期第二日。六时半起床。四时醒，心跳微作即愈，较前二日减轻。饮冷水甚多。六时半即起床，因是日头晕已减轻，精神较昨日为佳，且天甚暖故早起床也。起床后饮橘汁一杯。晨览《释迦如来应化事迹图》。八时后精神不振，打哈欠，口塞流鼻涕，但起立行动如常。午后身体寒益甚，拥被稍息。想出食物数种，他日试为之。炒饼、饼汤、虾仁豆腐、虾子面片、什锦丝、咸口瓜。三时起床，冷已愈，足力比昨日稍健。是日无大便，饮冷水较多。前半夜肩稍痛，须左右屡屡互易，后半夜已愈。

八日，阴，大风，寒，午后时露日光，五十度。断食正期第三日。十时起床。五时醒，气体至佳，如前数日之心跳头晕等皆无。因天寒大风，故起床较迟。起床后精神甚佳，手足有力，到院内散步。四时半就床，午后益寒，因早就床。是日食欲稍动，有时觉饥，并默想各种食物之种类及其滋味。是夜安眠；足关节稍痛。

九日，晴，寒，风，午后阴，四十八度。断食正期第四日。八时半起床。四时醒，气体极佳，与日常无异。起床后精神如常，手足有力。朝日照入，心目豁爽。小便后尿管微痛，因饮水太多之故。自今日始不饮梨橘汁，改饮盐梅茶二杯。午后因饮水过多，胸中苦闷。是日午前精神最佳，写字八十四，到菜圃散步。午后寒，一时拥被稍息。三时起床，室内运动。是日不感饥饿。因天寒五时半就床。

第一辑 一花一叶，孤芳致洁

十日，阴，寒，四十七度。断食正期第五日。十时半起床。四时半醒，气体精神与昨同。起床后精神至佳。是日因寒故起床较迟。今日加饮盐汤一小杯。十一时杨、刘二君来谈至欢。因寒四时就床。是日写字半页。近日神经过敏已稍愈。故夜间较能安眠。但因昨日饮水过多伤胃，胃时苦闷，今日饮水较少。

十一日，阴寒，夕晴，四十七度。断食正期第六日。九时半起床。四时半醒，气体与昨同。夜间右足微痛，又胃部终不舒畅。是日口干，因寒起床稍迟。饮盐汤半杯，饮梨汁。夕晴，心目豁爽。写字百三十八。坐檐下曝日，四时就床，因寒早就床。是晚感谢神恩，誓必归依。致福基书。

十二日，晨阴，大雾，寒，午后晴，四十八度。断食正期第七日。十一时起床。四时半醒，气体与昨同，足痛已愈，胃部已舒畅。口干，因寒不敢起床。十一时福基遣人送棉衣来，乃披衣起。饮梨汁及盐汤、橘汁。午后精神甚佳，耳目聪明，头脑爽快，胜于前数日。到菜圃散步。写字五十四。自昨日始，腹部有变动，微有便意，又有时稍感饥饿。是日饮水甚少。晚晴甚佳，四时半就床。

十三日，晨半晴阴，后晴和，夕风，五十四度。断食后期第一日。八时半起床。气体与昨同。晨饮淡米汤二盂，不知其味，屡有便意，口干后愈，饮梨汁橘汁。十一时饮浓米汤一盂，食梅干一个，不知其味。十一时服泻油少许，十一时半大便一次甚多。便色红，便时腹微痛，便后渐觉身体疲弱，手足无力。午后勉强到菜圃一次。是日不饮冷水。午前写字五十四。是日身体疲倦甚剧，断食正期未尝如是。胃口未开，不感饥饿，尤不愿饮米汤，是夕勉强饮一盂，不能再多饮。

十四日，晴，午前风，五十度。断食后期第二天。七时半起床。气体与昨同，夜间较能安眠。五时饮米汤一盂，口干，起床后精神较昨佳。大便轻泻一次，又饮米汤一盂，饮橘汁，食苹果半枚。是日因米汤梅干与胃口不合，于十一时饮薄藕粉一盂，炒米糕二片，极觉美味，精神亦骤加。精神复原，是日极愉快满足。一时饮薄藕粉一盂，米糕一片。写字三百八十四。腰腕稍痛，暗记诵《神乐歌序章》。四时食稀粥一盂，咸蛋半个，梅干一个，是日不感十分饥饿，如是已甚满足。五时半就床。

十五日，晴，四十九度。断食后期第三日。七时起床。夜间渐能眠，气体无异平时。拥衾饮茶一杯，食米糕三片。早食藕粉米糕，午前到佛堂菜圃散步，写字八十四。午食粥二盂，青菜咸蛋少许。夕食芋四个，极鲜美。食梨一个，橘二个。敬抄《御神乐歌》二页，暗记诵一、二、三下目。晚饮粥二盂，青菜咸蛋，少许梅干。晚食粥后，又食米糕饮茶，未能调和，胃不合，终夜屡打嗝儿，腹鸣。是日无大便，七时就床。

十六日，晴，四十九度。断食后期第四日。七时半起床。晨饮红茶一杯，食藕粉芋。午食薄粥三盂，青菜芋大半碗，极美。有生以来不知菜芋之味如是也。食橘，苹果，晚食与午同。是日午后出山门散步，诵《神乐歌》，甚愉快。入山以来，此为愉快之第一日矣。敬抄《神乐歌》七叶，暗记诵四、五下目。晚食后食烟一服。七时半就床，夜眠较迟，胃甚安，是日无大便。

十七日，晴暖，五十二度。断食后期第五日。七时起床。夜间仍不能多眠，晨饮泻油极少量。晨餐浓粥一盂，芋五个，仍不足，再食米糕三个，藕粉一盂。九时半大便一次，极畅快。到菜圃诵《御神乐歌》。中膳，米饭一盂，粥二盂，油炸豆腐一碗。本寺例初一、十五始食豆腐，今日特因僧人某死，葬资有余，故以之购食豆腐。午前后到山门外散步二次。拟定出山门后剃须。闻玉采萝卜来，食之至甘。晚膳粥三盂，豆腐青菜一盂，极美。今日抄《御神乐歌》五叶，暗记诵六下目。作书寄普慈。是日大便后愉快，晚膳后尤愉快，坐檐下久。拟定今后更名欣，字俶同。七时半就床。

十八日，阴，微雨，四十九度。断食后期最后一日。五时半起床。夜间酣眠八小时，甚畅快，入山以来未之有也。是晨早起，因欲食寺中早粥。起床后大便一次甚畅。六时半食浓粥三盂，豆腐青菜一盂，胃甚胀。坐菜圃小屋诵《神乐歌》，今日暗记诵七下目，敬抄《神乐歌》八叶。午，食饭二盂，豆腐青菜一盂，胃胀大，食烟一服。午后到山中散步，足力极健。采干花草数枝，松子数个。晚食浓粥二盂，青菜半盂，仅食此不敢再多，恐胃胀也。餐后胸中极感愉快。灯下写字五十四，辑订断食中字课，七时半就床。

十九日，阴，微雨，四时半起床。午后一时出山归校。嘱托闻玉事件：晚饭菜，橘子，做衣服附袖头，廿二要，轿子油布，轿夫选择，新蚊帐，夜壶。自己事件：写真，付饭钱，致普慈信。

第二辑

如是了知,乃为智者

/ 送　别 /

长亭外，古道边，芳草碧连天。晚风拂柳笛声残，夕阳山外山。

天之涯，地之角，知交半零落。一瓢浊酒尽余欢，今宵别梦寒。

长亭外，古道边，芳草碧连天。晚风拂柳笛声残，夕阳山外山。

/ 祖国歌 /

上下数千年，一脉延，文明莫与肩。纵横数万里，膏腴地，独享天然利。国是世界最古国，民是亚洲大国民。呜乎，大国民，呜乎，唯我大国民！幸生珍世界，琳琅十倍增声价。我将骑狮越昆仑，驾鹤飞渡太平洋，谁与我仗剑挥刀？

呜乎，大国民，谁与我鼓吹庆升平！

第二辑　如是了知，乃为智者

/ 大中华 /

万岁、万岁、万岁，赤县膏腴神明裔。地大物博，相生相养，建国五千余岁。振衣昆仑之巅，濯足扶桑之漪；山川灵秀所钟，人物光荣永垂。猗欤哉，伟欤哉，仁风翔九畿；猗欤哉，伟欤哉，威灵振四夷！

万岁、万岁、万万岁！

/ 我的国 /

（一）

东海东，波涛万丈红。朝日丽天，云霞齐捧，五洲唯我中央中。二十世纪谁称雄，请看赫赫神明种。我的国，我的国，我的国万岁，万岁万万岁。

（二）

昆仑峰，缥缈千寻耸。明月天心，乘星环拱，五洲唯我中央中。二十世纪谁称雄，请看赫赫神明种。我的国，我的国，我的国万岁,万岁万万岁。

/ 哀祖国 /

小雅尽废兮,出车采薇矣。豺狼当途兮,人类其非矣。凤鸟兮,河图兮,梦想为劳矣。冉冉老将至兮,甚矣吾衰矣。

/ 朝阳(男声四部合唱) /

观朝阳耀灵东方兮,灿庄严伟大之灵光。彼长眠之空暗暗兮,流绛彩以辉煌。观朝阳耀灵东方兮,灿庄严伟大之灵光。彼冥想之海沉沉兮,荡金波以飞扬。唯神、唯神,创造世界,创造万物,赐予光明,赐予幸福无疆。观朝阳耀灵东方兮,感神恩之久长。

/ 忆儿时 /

春去秋来,岁月如流,游子伤漂泊。回忆儿时,家居嬉戏,光景宛如昨。茅屋三椽,老梅一树,树底迷藏捉。高枝啼鸟,小川游鱼，曾把闲情托。儿时欢乐，斯乐不可作，儿时欢乐，斯乐不可作。

/ 悲 秋 /

西风乍起黄叶飘，日夕疏林杪。花事匆匆，梦影迢迢，零落凭谁吊。镜里朱颜，愁边白发，光阴暗催人老。纵有千金，纵有千金，千金难买年少。

/ 梦 /

哀游子茕茕其无依兮，在天之涯。唯长夜漫漫而独寐兮，时恍惚以魂驰。梦偃卧摇篮以啼笑兮，似婴儿时。母食我甘酪与粉饵兮，父衣我以彩衣。

哀游子怆怆而自怜兮，吊形影悲。唯长夜漫漫而独寐兮，时恍惚以魂驰。梦挥泪出门辞父母兮，叹生别离。父语我眠食宜珍重兮，母语我以早归。

月落乌啼，梦影依稀，往事知不知？泪半生哀乐之长逝兮，感亲之恩其永垂。

/月/

仰碧空明明，朗月悬太清。瞰下界扰扰，尘欲迷中道！唯愿灵光普万方，荡涤垢滓扬芬芳。虚渺无极，圣洁神秘，灵光常仰望！唯愿灵光普万方，荡涤垢滓扬芬芳。虚渺无极，圣洁神秘，灵光常仰望！

仰碧空明明，朗月悬太清。瞰下界暗暗，世路多愁叹！唯愿灵光普万方，拔除痛苦散清凉。虚渺无极，圣洁神秘，灵光常仰望！唯愿灵光普万方，拔除痛苦散清凉。虚渺无极，圣洁神秘，灵光常仰望！

/落 花/

纷，纷，纷，纷，纷，纷……唯落花委地无言兮，化作泥尘。

寂，寂，寂，寂，寂，寂……何春光长逝不归兮，永绝消息。

忆春风之日暄，芳菲菲以争妍。既垂荣以发秀，倏节易而时迁，春残。览落红之辞枝兮，伤花事其阑珊，已矣！

春秋其代序以递嬗兮，俯念迟暮。荣枯不须臾，盛衰有常数！人生之浮华若朝露兮，泉壤兴衰；朱华易消歇，青春不再来。

/ 长 逝 /

看今朝树色青青，奈明朝落叶凋零。看今朝花开灼灼，奈明朝落红漂泊。唯春与秋其代序兮，感岁月之不居。老冉冉以将至，伤青春其长逝。

/ 清凉歌五首 /

（一）清凉

清凉月，月到天心光明殊皎洁。今唱清凉歌，心地光明一笑呵。清凉风，凉风解愠暑气已无踪。今唱清凉歌，热恼消除万物和。清凉水，清水一渠涤荡诸污秽。今唱清凉歌，身心无垢乐如何。清凉，清凉，无上究竟真常。

（二）山色

近观山色苍然青，其色如蓝。远观山色郁然翠，如蓝成靛。山色非变，山色如故，目力有长短，自近渐远，易青为翠。自远渐近，易翠为青。时常更换，是山缘会。幻相现前，非幻翠幻，而青亦幻。是幻，是幻，万法皆然。

（三）花香

庭中百合花开，昼有香，香淡如，入夜来，香乃烈。鼻观是一，何以昼夜浓淡有殊别。白昼众喧动，纷纷俗务萦。目视色，耳听声，鼻观之力，分于耳目丧其灵。心清闻妙香，用志不分，乃凝于神，古训好参详。

（四）世梦

却来观世间，犹如梦中事。人生自少而壮，自壮而老。俄入胞胎，俄出胞胎，又入又出无穷已。生不知来，死不知去，蒙蒙然，冥冥然，千生万劫不自知。非真梦欤。枕上片时春梦中，行尽江南数千里。今贪名利，梯山航海，岂必枕上尔。庄生梦蝴蝶，孔子梦周公，梦时固是梦，醒时何做梦。旷大劫来，一时一刻皆梦中。破尽无明，大觉能仁，如是乃为梦醒汉，如是乃名无上尊。

（五）观心

世间学问义理浅，头绪多似易而反难。出世学问义理深，线索一虽难而似易,线索为何,现在一念心性应寻觅。试观心性,在内欤,在外欤,在中间欤,过去欤,现在欤,或未来欤,长短方圆欤,青黄赤白欤,觅心了不可得,便悟自性真常。是应直下信入,未可错下承当。试观心性,内外中间,过去现在未来,长短方圆,青黄赤白。

/人与自然界(三部合唱)/

严冬风雪擢贞干,逢春依旧郁苍苍。吾人心志宜坚强,历尽艰辛不磨灭,唯天降福俾尔昌!浮云掩星星无光,云开光彩逾芒芒。吾人心志宜坚强,历尽艰辛不磨灭,唯天降福俾尔昌!

/爱/

爱河万年终不涸,来无源头去无谷。滔滔圣贤与英雄,天地毁时无终穷。愿我爱国家,愿国家爱我。愿国家爱我,灵魂不死者我。

题丁慕琴绘《黛玉葬花图》二首

收拾残红意自勤，
携锄替筑百花坟。
玉钩斜畔隋家冢，
一样千秋冷夕曛。

飘零何事怨春归？
九十韶光花自飞。
寄语芳魂莫惆怅，
美人香草好相依。

题陈师曾画荷花小幅

一花一叶，孤芳致洁。
昏波不染，成就慧业。

师曾画荷花，昔藏余家，癸丑之秋以贻欣泉先生同学。今再展玩,为缀小词。时余将入山坐禅,慧业云云,以美荷花,亦以是自勖也。丙辰寒露。

/ 书　愤 /

文采风流四座倾,眼中竖子遂成名。
某山某水留奇迹,一草一花是爱根。
休矣著书俟赤鸟,悄然挥扇避青蝇。
众生何用肝宵哭,隐隐朝庭有笑声。

/ 《淡斋画册》题偈 /

镜华水月,当体非真。
如是妙观,可谓智人。

/ 竹园居士幼年书法题偈 /

文字之相,本不可得。
以分别心,云何测度。

若风画空,无有能所。

如是了知,乃为智者。

竹园居士,善解般若,余谓书法亦然。今以幼年所作见示,叹为玄妙。即依是义,而说二偈。癸酉正月　无碍

/ 受赠红菊报偈 /

辛巳初冬,秋阴凝寒,贯师赠余红菊花一枝,为说此偈。

亭亭菊一枝,高标矗劲节。

云何色殷红?殉教应流血!

/ 临灭遗偈 /

君子之交,其淡如水。

执象而求,咫尺千里。

问余何适?廓尔亡言。

华枝春满,天心月圆。

净峰种菊临别口占

乙亥四月,余居净峰,植菊盈畦。秋晚将归去,犹复含蕊未吐。口占一绝。聊以志别。

我到为植种,我行花未开,

岂无佳色在,留待后人来。

第三辑

华枝春满,
天心月圆

如何写一手好字

这一次所要讲的,是这里几位学生的意思——要我来讲关于写字的方法。

我想写字这一回事,是在家人的事,出家人讲究写字有什么意思呢?所以,这一次讲写字的方法,我觉得很不对。因为出家人假如只会写字,其他的学问一点不知道,尤其不懂得佛法,那可以说是佛门的败类。须知出家人不懂得佛法,只会写字,那是可耻的。出家人唯一的本分,就是要懂得佛法,要研究佛法。不过,出家人并不是绝对不可以讲究写字的,但不可用全副精神,去应付写字就对了。出家人固应对于佛法全力研究,而于有空的时候,写写字也未尝不可。写字如果写到了有个样子,能写对子、中堂来送与人,以作弘法的一种工具,也不是无益的。

倘然只能写得几个好字，若不专心学佛法，虽然人家赞美他字写得怎样好，那不过是"人以字传"而已。我觉得：出家人字虽然写得不好，若是很有道德，那么他的字是很珍贵的，结果都是能够"字以人传"。如果对于佛法没有研究，而且没有道德，纵能写得很好的字，这种人在佛教中也是无足轻重的了。他的人本来是不足传的。即能"人以字传"——这是一桩可耻的事，就是在家人也是很可耻的。

关于写字的源流、派别，以及笔法、章法、用墨……古人已经讲得很清楚了。而且有很多的书可以参考，我不必多讲。现在只就我个人关于写字的心得及经验，随便来说一说。

诸位写字的成绩很不错。但是每天每个人只限定写一张，而且只有一个样子，这是不对的。每天练习写字的时候，应该将篆书、大楷、中楷、小楷四个样子，都要多多地写与练习。如果没有时间，关于中楷可以略掉；至于其他的字样，是缺一不可的。且要多多地练习才对。

我有一点意见，要贡献给诸位。下面所说的几种方法，我认为是很重要的。

一

我对于发心学字的人,总是劝他们先由篆字学起。为什么呢?有几种理由:

(一)可以顺便研究《说文》,对于文字学,便可以有一点常识了。因为一个字一个字都有它的来源,并不是凭空虚构的,关于一笔一画,都不能随随便便乱写的。若不学篆书,不研究《说文》,对于字学及文字的起源就不能明白——简直可以说是不认得字啊!所以写字若由篆书入手,不但写字会进步,而且也是很有兴味的。

(二)能写篆字以后,再学楷书,写字时一笔一画,也就不会写错了。我以前看到养正院几位学生所抄写的稿子,写错的字很多很多。要晓得:写错了字,是很可耻的——这正如学英文的人一样,不能拼错一个字母。若拼错了字,人家怎么认识呢?写错了我们自己的汉文字,更是不可以的。我们若先学会了篆书,再写楷字时,那就可以免掉很多错误。此外,写篆字也可以作为写隶书、楷书、行书的基础。学会了篆字之后,对于写隶书、楷书、行书就都很容易——因为篆书是各种写字的根本。

若要写篆字的话，可先参看《说文》这一类的书。有一部清人吴大澂的《说文部首》，那是不可缺少的。因为这部书很好，便于初学，如果要学写字的话，先研究这一部书最好。

既然要发心学写字的话，除了写篆字而外，还有大楷、中楷、小楷，这几样都应当写。我以前小孩子的时候，都通通写过的。至于要学一尺、二尺的字，有一个很简便的方法：那就可用大砖来写，平常把四块大砖拼合起来，做成桌子的样子，而且用架子架起来，也可当桌子用；要学写大字，却很方便，而且一物可供两用了。

大笔怎样得到呢？可用麻扎起来做大笔，要写时，就可以任意挥毫。大砖在南方也许不多，这里倒有一个方法可以替代：就是用水门汀拼起来成为桌子。而用麻来写字，都是一样的。这样一来，既可练习写字，而纸及笔，也就经济得多了。

篆书、隶书乃至行书都要写，样样都要学才好；一切碑帖也都要读，至少要浏览一下才可以。照以上的方法学了一个时期以后，才可专写一种或专写一体。这是由博而约的方法。

二

至于用笔呢？算起来有很多种，如羊毫、狼毫、兔毫……普通是用羊毫，紫毫及狼毫亦可用，并不限定哪一种。最要注意的一点：就是写大字须用大笔，千万不可用小笔！用小的笔写大字，那是很错误的。宁可用大笔写小字，不可以用小笔写大字。

还有纸的问题。市上所售的油光纸是很便宜的，但太光滑很难写。若用本地所产的粗纸，就无此毛病了。我的意思：高年级的同学可用粗纸，低年级的可用油光纸。

平常写字时，写这个字，眼睛专看这个字，其余的字就不管，这也是不对的。因为上面的字，与下面的字都有关系的——即全部分的字，不论上下左右，都须连贯才可以。这一点很要紧，须十分注意。不可以只管写一个字，其余的一切不去管它。因为写字要使全体都能够配合，不能单就每个字去看的。

再有一点须注意的：当我们写字的时候，切不可倚在桌上，须使腕高高地悬起来，才可以运用如意。

写中楷悬腕固好，假如肘部要倚着，那也无妨。至于小楷，则可以倚在桌上，不必悬腕的。

三

以上所说的，是写字的初步法门。现在顺便讲讲关于写对联、中堂、横批、条幅的方法。

我们写对联或中堂，就所写的一幅字而论，是应该有章法的。普通的一幅中堂，论起优劣来，有几种要素须注意的。现在估量其应得的分数如下：

章法：五十分。

字　：三十五分。

墨色：五分。

印章：十分。

就以上四种要素合起来，总分数可以算一百分。其中并没有平均的分数。我觉得其差异及分配法，当照上面所分配的样子才可以。

一般人认为每个字都很要紧，然而依照上面的记分，只有三十五分。大家也许要怀疑，为什么章法反而分数占多数呢？就章法本身而论，它之所以占着重要的原因，理由很简单，在艺术上有所谓的三原则。即：

（一）统一。

（二）变化。

（三）整齐。

这在西洋绘画方面被认为是很重要的。我便借来用在此地，以评论一幅字的好坏。我们随便写一张字，无论中堂或对联，普通将字排起来，或横或直，首先要能够统一：字与字之间，彼此必须相联络、互相关系才好。但是单只统一也不能的，呆板也是不可以的，须当变化才好。若变化得太厉害，乱七八糟，当然不好看。所以必须注意彼此互相联络、互相关系才可以的。

就写字的章法而论大略如此。说起来虽很简单，却不是一蹴而就的。这需要经验的，多多练习，多看古人的书法以及碑帖，养成赏鉴艺术的眼光，自己能常去体认，从经验中体会出来，然后才可以慢慢地养成习惯，并且有所成就。

所谓墨色要怎样才可以？即不仅质料要好，墨色也要光亮。如果印章盖坏了，也是不可以的。盖的地方要位置设中，很落位才对。所谓印章，当然要刻得好；印章上的字须写得好。至于印色，也当然要好的。盖用时，可以盖一颗、两颗。印章有圆的、方的、大的、小的不一，且有种种区别。如何区别及使用呢？那就要于写字之后再注意盖用，因为它也可以补救写字时章法的不足。

四

以上所说的，是关于写字的基本法则。可当作一种规矩及准绳讲，不过是一种呆板的方法而已。

写字最好的方法是怎样？用哪一种方法才可以达到顶好顶好的呢？我想诸位一定很热心地要问。

我想了又想，觉得想要写好字，还是要多多地练习，多看碑，多看帖才对，那就自然可以写得好了。

诸位或者要说，这是普通的方法，假如要达到最高的境界须如何呢？我没有办法再回答。曾记得《法华经》有云："是法非思量分别之所能解。"我便借用这句子，只改了一个字，那就是"是字非思量分别之所能解"了。因为世间无论哪一种艺术，都是非思量分别之所能解的。

即以写字来说，也是要非思量分别，才可以写得好的。同时要离开思量分别，才可以鉴赏艺术，才能达到艺术的最上乘的境界。

记得古来有一位禅宗的大师，有一次人家请他上堂说法，当时台下的听众很多,他登台后默默地坐了一会儿,以后即说:"说法已毕。"便下堂了。所以,今天就写字而论,讲到这里,我也只好说"谈写字已毕"了。

/ 图画修得法 /

我国图画,发达盖早。黄帝时史皇作绘,图画之术,实肇乎是。有周聿兴,司绘置专职,兹事浸盛。汉唐而还,流派灼著,道乃烈矣。顾秩序杂沓,教授鲜良法,浅学之士,靡自窥测。又其涉想所及,狃于故常,新理眇法,匪所加意,言之可为于邑。不佞航海之东,忽忽逾月,耳目所接,辄有异想。冬夜多暇,掇拾日儒柿山、松田两先生之言,间以己意,述为是编。夫唯大雅,倘有取于斯欤?

1. 图画之效力

浑浑圆球,汶汶众生,洪荒而前,为萌为芽,吾靡得而论矣。迨夫社会发达,人类之思想浸以复杂。而达兹思想者,厥有种种符号。思想愈复杂,符号愈精密。其始也蟠屈其指,作式以代，艰苦万状，阙略滋繁。厥后代以语言，发为声响，凡一己之思想感情，佥能婉转以达之，为用便矣。然范围至狭，时间綦促，声响飘忽，曩不知其所极，其效用犹未为完全也。于是制文字、尚纪录，传诸久远，俾以不朽。虽然社会者，经岁月而愈复杂者也，吾人之思想感情，亦复杂日进，殆鲜底止。而语言文字之功用，有时或穷。例如今有人千百，状人人殊，必一一形容其姿态服饰，纵声之舌，笔之书，匪涉冗长，即病疏略，殆犹不毋遗憾焉。而以所以弥兹遗憾济语言文字之穷者，是有道焉。厥道为何？曰唯图画。

图画者，为物至简单，为状至明确。举人世至复杂之思想感情，可以一览得之。挽近以还，若书籍、若报章、若讲义，非不佐以图画，匡文字语言之不逮。效力所及，盖有如此。

说者曰：图画者娱乐的，非实用的。虽然，图画之范围綦广，匪娱乐的一端所能括也。夫图画之效力，与语言文字同，其性质亦复相似。脱以图画属娱乐的，又何解于语言文字？倡优曼辞独非语言，然则闻倡优曼辞，亦谓语言属娱乐的乎？小说传奇独非文字，然则诵小说传奇，亦谓文字属娱乐的乎？三尺童子当知其不然矣。人有恒言曰：言语之发达，与社会之发达相关系。今请易其说曰：图之发达，与社会之发达相关系，蔑不可也。人有恒言曰：诗为无形之画，画为无声之诗。今请易其说曰：语言者无形之图画，图画者无声之语言，蔑不可也。若以专门技能言之，图画者美术工艺之源本。脱疑吾言，盍鉴泰西一千八百五十一年，英国设博览会，而英产工艺品居劣等。揆厥由来，则以笃守旧法故。爰憬然自省，定图画为国民教育必修科，不数稔，而英国制造品外观优美，依然震撼全欧。又若法国自万国大博览会以来，不惜财力时间劳力，以谋图画之进步，置图画教育视学官，以奖励图画。而法国遂为世界大美术国。其他若美若日本，佥模范法国，其美术工艺，亦日益进步。夫一叶之绢，一片之木，脱加装饰，顿易旧观。唯技术巧拙，各不相埒，价值高下，爰判等差。故有同质同量之物，其价值不无轩轾者，盖有由也。匪直兹也。图画家将绘某物，注意其外形姑勿论，甚至构成之原理，部分之分解，纵极纤屑，靡不加意。故图画者可以养成绵密之注意，锐敏之观察，确实之智识，强健之记忆，着实之想象，健全之判断，高尚之审美心。

（今严冷之实利主义、主张审美教育，即美其情操，启其兴味，高尚其人品之谓也。）

此图画之效力关系于智育者也。若夫发审美之情操，图画有最大之伟力。工图画者其嗜好必高尚，其品性必高洁。凡卑污陋劣之欲望，靡不扫除而淘汰之，其利用于宗教育道德上为尤著，此图画之效力关系于德育者也。又若为户外写生，旅行郊野，吸新鲜之空气，览山水之佳境，运动肢体，疏瀹精气，手挥目送，神为之怡，此又图画之效力关系于体育者也。

2．图画之种类

图画之种类至繁赜矣，匪一言所可殚。然以性质上言之，判图与画为两种，若建筑图、制作图、装饰图模样等。又不关于美术工艺上者，有地图、海图、见取图（即示意图）、测量图、解剖图等，皆谓之图，多假器械补助而成之。若画者，不以器械补助为主。今吾人所习见者，若额面（即带框的画）、若轴物、若画帖，皆普通画也。又以描写方法上言之，判为自在画与用器图两种。凡知觉与想象各种之象形，假目力及手指之微妙以描写者，曰自在画。依器械之规矩而成者，曰用器图。之二者为近今最普通之名称。

3．自在画概说

①精神法。吾人见一面，必生一种特别之感情。若者滑稽，若者激烈，若者和蔼，若者高尚，若者潇洒，若者活泼，若者沉着，凡吾人感情所由及，即画之精神所由及。精神者千变万幻，匪可执一以搦之者也。竹茎之硬直，柳枝之纤弱，兔之轻快，

豚之鲁钝，其现象虽相反，其精神正以相反而见。殊于成心求之，俱矣。故作画者必于物体之性质、常习、动作，研核翔审，握管写，庶几近之。

②位置法。论画与画面之关系曰位置法。普通之式，画面上方之空白，常较下方为多。特别之式，若飞鸟、轻气球等自然之性质偏于上方，宜于下方多留空白，与普通之式正相反。又若主位偏于一方，有一部歧出，其歧出之地之空白，宜多于主位。其他向左方之人物，左方多空白。向右方之人物，右方多空白。位置大略，如是而已。

③轮廓法。大宙万类，象形各殊。然其相似之点正复不少。集合相似之点，定轮廓法凡七种。

甲　竿状体：火箸、鞭、杖、棒、旗竿、钓竿、枪、笔、铅笔、帆樯、弓、矢、笛、锹、铳、军刀、筏乘等之器用。竹、蔺草、女郎花等之禾本类隶焉。

乙　正方体（立方平板体，长立方体属此类）：手巾、包袱、石板、书籍、书套、算盘、皮箱、箱子、方盒、砚台、笔袋、镜台、方圆章、方瓶、大盆、烟草盆、刷毛、尺、桥床、几、方椅方凳、马车、汽车、汽船、军舰、帆船、衣服折等之器用；马、牛、鼠、鹿、猫、犬等之兽类隶焉。

丙　球（椭圆卵形属此类）：日、月、蹴球、达摩、假面、茶壶、茶碗、釜、地球仪、瓢帽、眼镜等之器用；桃、李、橘、梨、橙、柿、栗、枇杷、西瓜、南瓜、茄子、葫芦、水仙根、玉葱等之果实野菜类；鸠、家鸭、莺、燕、百舌、鹤、雀、鹭等之鸟类。各种之花类；有姿势之兔、鼠、金鱼、龟、蚕等隶焉。

丁　方柱：道标、桥栏、邮筒、书箱、纪念碑、五重塔、阶段、家屋等隶焉。

戊　方锥：亭、街灯、金字塔、炭斗，或家屋、建筑物等隶焉。

己　圆柱：竹筒、印泥盒、饭桶、灯笼、鼓、手卷、千里镜、笔筒等之器用类；乌瓜、丝瓜、胡瓜、白瓜、萝卜、藕、荚豆等之野菜类；鱿、鳗、鲇等之鱼类隶焉。

庚　圆锥：独乐、喇叭、笠、伞、蜡烛、桶、洋灯、杯、壶、臼、杵、锥、锚、电灯罩等隶焉。

又有结合七种之形态，成多角体之轮廓。凡花草虫鱼鸟兽人物山水等，属此类者甚多。

中西绘画的比较

中国画注重写神，西画重在写形。由于文化传统的不同，写作材料的不同，技法、作风、思想意识上的种种不同，形式内容也作出两样的表现。中画常在表现形象中，重主观的心理描写；西画则从写实的基础上，求取形象的客观准确。中画描写以线条为主，西画描写以团块为主，这是大致的区别。初习绘画，不论中西，都要经过写形的基本练习。你向来学国画，现在又经过了练习西画的写生，一定感觉到西画写生方法，要比中国画写形基本方法更精密而科学。中画的"丈山尺树、寸马豆人"不若西画的远近透视、毫厘可计；中画的"石分三面，墨分五彩"，不若西画的阴影、光线、色调各有科学根据。中画虽不拘泥于形似，但必须从形似到不拘形似方好；西画从形似到形神一致,更到出神入化。中画讲笔墨,做到"使笔不可反为笔使,用墨不可反为墨用",从而"寄兴寓情,当求诸笔墨之外"。宇宙事物既广博,时代又不断前进。将来新事物,更会层出不穷。观察事物与社会现象作描写技术的进修,还须与时俱进,多吸收新学科,多学些新技法,有机会不可放过。

第四辑

君子之交,其淡如水

致许幻园

(一九一三年七月十六日,杭州)

幻园兄:

今日又呕血,诵范肯堂《落照》(绝命诗)云:"落照原能媲旭辉,车声人迹尽稀微。可怜步步为深黑,始信苍茫有不归!"通人亦作乞怜语可哂也。家国困穷,百无聊赖,速了此残喘,亦大佳事,但祝神谶去冬已为兄言,不吾欺也。社中近有何变动?乞示其详。适包君发行部来寓,弟气促声嘶,不暇细谈。代售杂志价洋已交来,当时弟未细算,顷始检查,似缺二元二角有零。晤时便乞一询。

谱弟李息顿

七月十六日

致陆丹林

（一九一三年，杭州）

丹林道兄左右：

　　昨午雨霁，与同学数人泛舟湖上。山色如娥，花光如颊，温风如酒，波纹如绫。才一举首，不觉目酣神醉。山容水态，何异当年袁石公游湖风味？惜从者栖迟岭海，未能共挹西湖清芬为怅耳。薄暮归寓，乘兴奏刀，连治七印，古朴浑厚，自审尚有是处。从者属作两钮，寄请法政。或可在红树室中与端州旧砚，曼生泥壶，结为清供良伴乎？著述之余，盼复数行，借慰遐思！春寒，唯为道自爱，不宣。

　　　　　　　　　　　　　　　　　　　　岸白

/ 致刘质平 /

(一九一六年八月十九日,杭州)

质平仁弟:

来函,诵悉。日本留学生向来如是。虽亦有成绩佳良者,然大半为日人作殿军或并殿军之资格而无之。故日人说起留学生辄作滑稽讪笑之态。不佞居东八年,固习见不鲜矣。君之志气甚佳,将来必可为吾国人吐一口气。但现在宜注意者如下:

(一)宜重卫生,俾免中途辍学(习音乐者,非身体健壮之人不易进步。专运动五指及脑,他处不运动,则易致疾。故每日宜为适当之休息及应有之娱乐,适度之运动。又宜早眠早起,食后宜休息一小时,不可即弹琴)。

（二）宜慎出场演奏，免人之忌妒。（能不演奏最妥，抱璞而藏，君子之行也。）

（三）宜慎交游，免生无谓之是非。（留学界品类尤杂，最宜谨慎。）

（四）勿躐等急进。（吾人求学，须从常规，循序渐进，欲速则不达矣。）

（五）勿心浮气躁。［学稍有得，即深自矜夸，或学而不进（此种境界他日有之），即生厌烦心，或抱悲观，皆不可。必须心气平定，不急进，不间断。日久自有适当之成绩。］

（六）宜信仰宗教，求精神上之安乐。（据余一人之所见，确系如此，未知君以为如何？）

附录格言数则呈阅。

不佞近来颇有志于修养，但言易行难，能持久不变尤难，如何如何！今秋因经先生坚留，情不可却，南京之兼职似可脱离。君暇时乞代购弦 E 二根、A 二根、D 三根、G 二根，封入信内寄下。六七日内拟汇款五元存尊处，尚有他物乞代购也。君如须在沪杭购物，不佞可以代办，望勿客气，随时函达可也。

君在校师何人？望示知。听音乐会之演奏，有何感动？此不佞所愿闻者也。此复，即颂旅吉。

李婴

八月十九日

门先生乞为致意，他日稍暇，当作书奉候。并谓现在不佞求学不得，如行夜路，视门先生如在天上矣。

（一九一七年，杭州）

质平仁弟足下：

来书诵悉。《菜根谭》及 m 经，前已收到，曾致复片，计已查收。官费事可由君访察他人补官费之经过情形，由君作函寄来。上款写经、夏二先生及不佞三人，函内详述他省补费之办法。此函寄至不佞处，由不佞与经、夏二先生商酌可也。君在东言行谨慎，甚佳。交友不可勉强，宁无友不可交寻常之友（或不尽然），虽无损于我，亦徒往来酬酢，作无谓之谈话，周旋消费力学之时间耳。门先生忠厚长者，可以为君之友人。此外不再交友，亦无妨碍。始亲终疏，反致怨尤，故不如于始不亲之为佳也。不佞前致君函有应注意者数条，宜常阅之。又格言数则，亦不可忘。不佞无他高见，唯望君按部就班用功，不求近效。进太锐者恐难持久。不可心太高,心高是灰心之根源也。心倘不定,可以习静坐法。入手虽难,然行之有恒,自可入门。(君有崇信之宗教,信仰之尤善,佛、伊、耶皆可。)音乐书前日已挂号寄奉。附一函乞转交门先生。此复,即颂近佳!

李婴

/ 致毛子坚 /

（一九二一年三月初五日，杭州虎跑寺）

子坚居士文席：

顷获手书，欣慰无似。音以杭地多故旧酬酢，将偕道侣程、吴二居士之温，觅清净兰若，息心办道。经营伊始，须资至夥。程、吴二居士家非丰厚，音不愿使其独任是难。故托白民君代为筹谋，须资约计三百，以助其不足。至音寻常日用之资，为数至纤，不足为虑。仁者卖字之说，固是一法，然今非其时，俟他年大事已了，游戏世间俗事，则一切无碍矣。上海有正书局，寄售《印光法师文钞》正、续篇，极明显切实，希仁者请奉披诵。新闸坤范女学校自初八日始，每晚请范古农大士讲经，希仁者往听。一染识田，永为道种。人身难得，佛法难闻，能亲承范大士之圆音，尤非多生深植善根，不易值也。范大士解行皆美，具正知见，为宏法之善知识。音数年以来，亲近是公，获益匪浅。音于当代缁素之中，最崇服者，于僧则印光法师，于俗则范大士。仁者如未能于晚间闻法，或于暇时访范大士一谈亦可。音与仁者多生有缘，故敢以是劝请。今后仁者善根重发，皈心佛法，倘有所咨询，音当竭诚以答。或愿阅诵经论，音当写其名目，记其扼要，以奉青览。今后通函，寄杭州城内万安桥下银洞巷四号。廿日左右，当再来沪，临时必可一晤也。率复，不具。

演音
三月初五日

东山、建藩诸居士，希为致念。

/ 致李圣章 /

（一九二二年四月初六日，温州庆福寺）

圣章居士慧览：

二十年来，音问疏绝。昨获长简，环诵数四，欢慰何如。任杭教职六年，兼任南京高师顾问者二年，及门数千，遍及江浙。英才蔚出，足以承绍家业者，指不胜屈，私心大慰。弘扬文艺之事，至此已可作一结束。戊午二月，发愿入山剃染，修习佛法，普利含识。以四阅月力料理公私诸事：凡油画、美术、图籍，寄赠北京美术学校（尔欲阅者可往探询之），音乐书赠刘子质平，一切杂书零物赠丰子恺（二子皆在上海专科师范，是校为吾门人辈创立）。布置既毕，乃于五月下旬入大慈山（学校夏季考试，提前为之），七月十三日剃发出家，九月在灵隐受戒，始终安顺，未值障缘，诚佛菩萨之慈力加被也。出家既竟，学行未充，不能利物，因发愿掩关办道，暂谢俗缘。（由戊午十二月至庚申六月，住玉泉清涟寺时较多。）庚申七月，至亲城贝山（距富阳六十里）居月余，值障缘，乃决意他适。于是流浪于衢、严二州者半载。辛酉正月，返杭居清涟。三月如温州，忽忽年余，诸事安适，倘无意外之阻障，不它往。当来道业有成，或来北地与家人相聚也。音拙于辩才，说法之事，非其所长，行将以著述之业终其身耳。比年以来，此土佛法昌盛，有一日千里之势。各省相较，当以浙省为第一。附写初学阅览之佛书数种，可向卧佛寺佛经流通处请来，以备阅览。拉杂写复，不尽欲言。

释演音疏答
四月初六日

尔父处亦有复函，归家时可索阅之。

/ 致邓寒香 /

一

（一九二五年闰四月廿二日，温州庆福寺）

前承询已得菩萨戒之人，转变余生，忘失本念而破重戒者，为失戒否？今检羯磨文，释云：无作戒体，一发之后（无作释义，见《梵网经玄义》第三十五六页），永为佛种，纵令转生忘失，然既无退心犯重二缘，当知戒体仍在。文准此义而推之，应失戒也。（或退菩提心，或犯重，有一即失戒。）宋已前律宗诸宗诸师之著述，未有只字言及持咒者，后世律学衰灭，而《毗尼日用》之书乃出。时人不察，竟以是为律学之纲维，何异执瓦砾为珠玉也！逮及我灵峰大师，穷研律学，深谙时弊，力斥用偈咒者为非律学,并谓正法渐衰,末运不振,实基于此。其说甚当。无如当时学者,皆昧于律学,固守旧见,仍复以讹传讹。迄于今日,此风不息,是至可为痛心者也!灵峰之文,前曾呈奉仁者,乞为因弘略言其义。今值讲授《毗尼日用》之时,再检奉览。希与因弘详言之,俾他日不至随波逐流,为世俗知见所淆惑也。又沙弥戒法中一则,亦同此义,并以奉览。

演音

乙丑闰四月廿二日

二

前日获手书,回环披诵,至为欣慰。承询我执之义,略述如下……

所谓我执者,即《圆觉》所云"妄认四大为自身相,六尘缘影为自心相"是也。《识论》卷一,言之甚详。请披寻《唯识心要》卷一第十七页至廿八页止。廿八页中灵峰述辞,至为精确,幸详味之。又依《大乘止观》中所云:"若断我执,须分别性中,止行成就。"请检《大乘心观释要》卷五第五、六、七页阅之。而《占察义疏》卷六第十七、十八页灵峰疏文,即依《大乘止观》会合。希彼此互参研寻，最易了解。此外，如《灵峰宗论》第二册中，亦常言之。并望披览。

窃谓吾人办道，能伏我执，已甚不易，何况断除。故莲池大师云："当今之世，未有能证初果者。夫初果，仅能断见惑，已不可得，遑论其他。"彻悟禅师云："但断见惑，如断四十里流，况思惑乎？"故竖出三界，甚难甚难。若持名念佛，横出三界，校之竖出者，不亦省力乎？藕益大师亦云："无始妄认有己，何尝实有己哉。或未顿悟，亦不必作意求悟。但专持净戒，求生净土，功深力到，现前当来，必悟无己之体。悟无己，即见佛，即成佛矣。"又云："倘不能真心信入，亦不必别起疑情。更不必错了承当。只深信持戒念佛，自然蓦地信去。"由是观之，吾人专修净业者，不必如彼祥教中人，专恃己力，作意求破我执。若一心念佛，获证三昧，我执自尔消除。较彼禅教中人专恃己力竖出三界者，其难易，奚啻天渊耶！（若现身三昧未成，生品不高，当来见佛闻法时，见惑即断。但得见弥陀，何愁不开悟。《无量寿经》四十八愿中有云："设我得佛，国中天人，若起想念贪计身者，不取正觉。"诚言如此，所宜深信。）但众生根器不一，有宜一门深入者，有应兼修他行者，所宜各自量度，未可妄效他人。随分随力，因病下药，庶乎其不差耳。余比来久疏教典，未暇一一检寻详委奉答。姑即所见，略述如是。

三

数日前得本月初五日书，即复一片，邮寄西门，想不得达。顷乃获诵六月杪书，欣悉一一。所论甚是，至可感佩！大乘之人，须发菩提心（心、佛、众生三无差别）。依是自利利他。直至成佛，圆满菩提，乃可谓大乘人。至发心之后，处众处独，皆无不可。《天目中峰和尚语录》中。曾详言之。录其文如下：

"或问古人得旨之后，或孤峰独宿，或垂手入廛，或兼擅化权，或单提正令，或子筹盈室，或不遇一人，或泯绝无闻，或声喧宇宙，或亲婴世难，或身染沉疴，虽同少室之门，而各蹈世间之路者，何也？幻曰：言乎同者，同悟达磨，直指之真实自心也。言乎异者，异于各禀三世之幻缘业也。以报观之，非乐寂而孤峰独宿也，非爱闹而入廛垂手也。擅化权而非涉异也，提正令而非专门也。虽弟子满门，非苟合也。虽形影相吊，非绝物也。其毕世无闻，非尚隐也。其声喧宇宙，非构显也。至若荣枯祸福，一本乎报缘。以金刚正眼视之，特不翅飞埃过目耳，安能动其爱憎取舍之念哉？所以龙门谓报缘虚幻，岂可强为？演祖谓'万般存此道，一味信前缘'，苟不有至理鉴之，则不能无惑于世相之浮沉也。《华严普贤行愿品》卷二十二载，善财童子，参德生童子，有德童女问，菩萨云何学菩萨行、修菩萨道？童子童女乃广赞亲近善知识之利益。善财童子又问，云何能于诸善知识法之中，速得圆满，速得清净，得不退失？答：须场鲂萨戒及别解脱戒。若圆满头陀功德，能使二戒悉得清净，不失善法。继乃广赞十二头陀之行。"

其圆满阿兰若一段，请仁者检阅之。夫位近等觉，尚须乐于独处，住阿兰若。何可谓山居办道者为小乘人？近来屡闻世人有此谬论，可痛慨也。至语小乘之人，决不说法利他者，亦非通论。小乘律本关（拣别之说）法有十条。（拣别如法不如法。）又佛称弟子声闻众中，能教化有情令得圣果者，推迦留陀夷第一。律中具载彼度生之事有十三事，此外关于说法度生之事，小乘律中，屡屡见之。（比丘每日须入城市乞食，施者如请说法，随缘教化。）兹不具引。小乘所以异于大乘者，在发心趣偏真之涅槃耳，岂有他哉！永嘉禅师谓上乘之人，行上而修中下，二乘何咎而欲不修，宁知见爱尚存，去上乘而甚远。三受之状固然，称位乃俦菩萨。大乘之所不修，而复讥于小学。（以上摘录原文。在《永嘉集》第七章。又《万善同归集》亦引此文。)吾人既归信佛法,皆应发大乘心,而随分随力,专学大乘。或兼学三乘,皆无不可。不必执定己之所修为是,而强人必从。以根器各异,缘业不同,万难强令一致也。

致蔡元培、经亨颐、马叙伦等

（一九二七年三月十七日，杭州）

旧师子民、旧友子渊、彝初、少卿、钟华诸居士同鉴：

昨有友人来，谓仁等已至杭州建设一切，至为欢慰。又闻子师等在青年会演说，对于出家僧众，有未能满意之处。鄙意以为现代出家僧众，诚属良莠不齐。但仁等于出家人中之情形，恐有隔膜。将来整顿之时，或未能一一允当。鄙意拟请仁等另请僧众二人为委员，专任整顿僧众之事。凡一切规划，皆与仁等商酌而行，似较妥善。此委员二人，据鄙意，愿推荐太虚法师及弘伞法师任之。此二人，皆英年有为，胆识过人。前年曾往日本考察一切，富于新思想，久有改革僧制之宏愿。故任彼二人为委员，最为适当也。至将来如何办法，统乞仁等与彼协商。对于服务社会之一派,应如何尽力提倡(此是新派);对于山林办道之一派,应如何尽力保护(此是旧派,但此派必不可废)。对于既不能服务社会,又不能办道山林之一流僧众,应如何处置;对于应赴一派(即专作经忏者),应如何严加取缔;对于子孙之寺院(即出家剃发之处),应如何处置;对于受戒之时,应如何严加限制。如是等种种问题,皆乞仁者仔细斟酌,妥为办理。俾佛门兴盛,佛法昌明,则幸甚矣。此事先由浙江一省办起,然后遍及全国。弘伞法师现住里西湖新新旅馆隔壁招贤寺内。太虚法师现住上海(其住址问弘伞法师便知)。谨陈拙见,诸乞垂察,不具。

弘一

三月十七日

昨闻友人述及仁者五人现任委员。此外尚有数人,或系旧友,亦未可知。并乞代为致候。

/ 致丰子恺 /

(一九二八年八月十四日,温州)

子恺居士:

初三日惠书,诵悉。兹条复如下:

△周居士动身已延期。网篮恐须稍迟,乃可带上。

△《佛教史迹》已收到,如立达仅存此一份,他日仍拟送还。

△护生画,拟请李居士等选择(因李居士所见应与朽人同)。俟一切决定后,再寄来由朽人书写文字。

△不录《楞伽》等经文,李居士所见,与朽人同。

△画集虽应用中国纸印,但表纸仍不妨用西洋风之图案画,以二色或三色印之。至于用线穿订,拟用日本式,系用线索结纽者,与中国佛经之穿订法不同。朽人之意,以为此书须多注

重于未信佛法之新学家一方面，推广赠送。故表纸与装订，须极新颖警目。俾阅者一见表纸，即知其为新式之艺术品，非是陈旧式之劝善图画。倘表纸与寻常佛书相似，则彼等仅见《护生画集》之签条，或作寻常之佛书同视，而不再披阅其内容矣。故表纸与装订，倘能至极新颖，美观夺目，则为此书之内容增光不小，可以引起阅者满足欢喜之兴味。内容用中国纸印，则乡间亦可照样翻刻。似与李居士之意，亦不相违。此事再乞商之。

△李居士属书签条，附写奉上。

△"不请友"三字之意，即是如《华严经》云："非是众生请我发心，我自为众生作不请之友。"之意。因寻常为他人帮忙者，应待他人请求，乃可为之。今发善提心者，则不然。不待他人请求，自己发心，情愿为众生帮忙，代众生受苦等。友者，友人也。指自己愿为众生之友人。

△周孟由居士等，谆谆留朽人于今年仍居庆福寺。谓过一天，是一天，得过且过，云云。故朽人于今年下半年，拟不他往。俟明年至上海诸处时，再与仁者及丐翁等，商量筑室之事。现在似可缓议也。

△近病痢数日，已愈十之七八。唯胃肠衰弱，尚须缓缓调理，仍终日卧床耳。然不久必愈，乞勿悬念。承询需用，现在朽人

零用之费,拟乞惠寄十元。又庆福寺贴补之费(今年五个月),约二十元(此款再迟两个月寄来亦不妨)。此款请旧友分任之。至于明年如何,俟后再酌。

△承李居士寄来《梵网经》,万钧氏书札,皆收到。谢谢。病起无力,草草复此。其余,俟后再陈。

演音上

八月十四日

(一九二八年八月廿二日,温州)

子恺居士慧览:

今日午前挂号寄上一函及画稿一包,想已收到?顷又作成白话诗数首,写录于左(下):

(一)《倘使羊识字》(因前配之古诗,不贴切。故今改作。)

倘使羊识字,泪珠落如雨。

口虽不能言,心中暗叫苦!

(二)《残废的美》

好花经摧折,曾无几日香。

憔悴剩残姿,明朝弃道旁。

(三)《喜庆的代价》(原配一诗,专指庆寿而言,此则指喜事而言。故拟与原诗并存。共二首。或者仅用此一首,而将旧选者删去。因旧选者其意虽佳,而诗笔殊拙笨也。)

喜气溢门楣,如何惨杀戮。

唯欲家人欢,那管畜生哭!

(四)原题为《悬梁》

日暖春风和,策杖游郊园。

双鸭泛清波,群鱼戏碧川。

为念世途险,欢乐何足言。

明朝落网罟,系颈陈市廛。

思彼刀砧苦,不觉悲泪潸。

案此原画,意味太简单,拟乞重画一幅。题名曰《今日与明朝》。将诗中双鸭泛清波,群鱼戏碧川之景,补入。与系颈陈市廛,相对照,共为一幅。则今日欢乐与明朝悲惨相对照,似较有意味。此虽是陈腐之老套头,今亦不妨采用也。俟画就时,乞与其他之画稿同时寄下。

再者:画稿中《母之羽》一幅,虽有意味,但画法似未能完全表明其意,终觉美中不足。倘仁者能再画一幅,较此为优者,则更善矣。如未能者,仍用此幅亦可。

前所编之画集次序,犹多未安之处。俟将来暇时,仍拟略为更动，俾臻完善。

演音上

八月廿二日

此函写就将发，又得李居士书。彼谓画集出版后，拟赠送日本各处。朽意以为若赠送日本各处者，则此画集更须大加整顿。非再需半年以上之力，不能编纂完美。否则恐贻笑邻邦，殊未可也。但李居士急欲出版，有迫不及待之势。朽意以为如仅赠送国内之人阅览，则现在所编辑者，可以用得。若欲赠送日本各处，非再画十数叶，重新编辑不可。此事乞与李居士酌之。

再者，前画之《修罗》一幅（即已经删去者），现在朽人思维，此画甚佳，不忍割爱，拟仍旧选入。与前画之《肉》一幅，接连编入。其标题，则谓为《修罗一》《修罗二》。（即以《肉》为《修罗一》，以原题《修罗》者为《修罗二》。）再将《失足》一幅删去。全集仍旧共计二十四幅。

附呈两纸，乞仁者阅览后，于便中面交李居士。稍迟亦无妨也。

廿三晨

（一九二八年八月廿四日，温州）

子恺居士：

新作四首，写录奉览：

《凄音》

小鸟在樊笼，悲鸣音惨凄。

恻恻断肠语，哀哀乞命词。

向人说困苦，可怜人不知：

犹谓是欢娱，娱情尽日啼。

《农夫与乳母》

忆昔襁褓时，尝啜老牛乳。

年长食稻粱，赖尔耕作苦。

念此养育恩，何忍相忘汝！

西方之学者，倡人道主义。

不啖老牛肉，淡泊乐素食。

卓哉此美风，可以昭百世！

麟为仁兽，灵气所钟，不践生草，不履生虫。繄吾人类，应知其义，举足下足，常须留意，既勿故杀，亦勿误伤。去我慈心，存我天良。

[附注]：儿时读《毛诗·麟趾章》，注云："麟为仁兽，

不践生草，不履生虫。"余讽其文，深为感叹。四十年来，未尝忘怀。

今撰护生诗歌，引述其义。后之览者，幸共知所警惕焉。

《我的腿》（旧配之诗，移入《修罗二》）

我的腿，善行走。

将来不免入汝手，

盐渍油烹佐春酒。

我欲乞哀怜，

不能作人言。

愿汝体恤猪命苦，

勿再杀戮与熬煎！

画集中《倒悬》一幅，拟乞改画。依原配之诗上二句，而作景物画一幅（即"秋来霜露……芥有孙"之二句）。画题亦须改易，因原画之趣味，已数见不鲜，未能出色，不如改作为景物画较优美有意味也。再者《刑场》与《平等》二幅，或可删，亦可留，乞仁者酌之。

论月

八月廿四日

（一九二八年八月廿六日，温州）

子恺居士慧览：

将来排列之次序，大约是：

（一）《夫妇》，（二）《芦菔生儿芥有孙之画》（案芦菔俗称萝卜），（三）《沉溺》，（四）《凄音》等。中间数幅，较前所定者，稍有变动。至《农夫与乳母》以下，悉仍旧也。

再者，《芦菔生儿芥有孙》之画，乞仅依"秋来霜露满东园，芦菔生儿芥有孙"二句之意画之。至末句中鸡豚，乞勿画入。

以前数次寄与仁者之信函，乞作画或改题者，兹再汇记如下：

△增画者《忏悔》《平和之歌》，共二幅。

△改画者《芦菔生儿芥有孙之画》（旧题为《倒悬》，今乞改题）、《今日与明朝》（旧题为《悬梁》）、《母之羽》，共三幅。

△修改画题者《沉溺》（原作《溺》）、《凄音》（原作《囚徒之歌》）、《诱惑》（原作《诱杀》）、《修罗一》（原作《肉》）、《修罗二》（原作《修罗》），共五处。

以上所写，倘有未明了处，乞检阅前数函即知。

演音上

八月廿六日

今年夏间，由嘉兴蔡居士寄玻璃版印《华严经》二册至尊处（江湾），想早已收到（当时仁者在乡里），前函未提及，故再奉询。

（一九二八年九月初四日，温州）

子恺居士：

前复信片，想达慧览。尚有白话诗二首，亦已作就，附写如下：

《母之羽》

雏儿依残羽，殷殷恋慈母。母亡儿不知，犹复相环守。念此亲爱情，能勿凄心否？

此下有小注，即述蝙蝠之事云云。俟后参考原文，再编述。

《平和之歌》

昔日互残杀，今朝共舞歌。一家庆安乐，大地颂平和。

附短跋云：李、丰二居士，发愿流布《护生画集》。盖以艺术作方便，人道主义为宗趣。虽曰导俗，亦有可观者焉。每画一叶，附白话诗，选录古德者□首，余皆贤瓶道人补题。纂修既成，请余为之书写，并略记其梗概。

新作之诗共十六首，皆已完成。但所作之诗，就艺术上而论，颇有遗憾。一以说明画中之意，言之太尽，无有含蓄，不留耐人寻味之余地。一以其文义浅薄鄙俗，无高尚玄妙之致。就此二种而论，实为缺点。但为导俗，令人易解，则亦不得不尔。然终不能登大雅之堂也。

画稿之中，其画幅大小，须相称合。如《母之羽》一幅，似稍小。仁者能再改画，为宜。虽将来摄影之时，可以随意缩小放大，但终不如现在即配合适宜，俾免将来费事。且于朽人配写文字时，亦甚蒙其便利也。

附二纸，为致李居士者。乞仁者先阅览一过，便中面交与李居士，稍迟未妨也。

演音上

九月初四日

（一九二八年九月十二日，温州）

子恺居士：

昨晚获诵惠书，欣悉一一。兹复如下：

△续画之画稿，拟乞至明年旧历三月底为止。（因温州春寒殊甚。未能执笔书写。须俟四月天暖之后，乃能动笔。）由此时至明春三月，乞仁者随意作画，多少不拘。朽人深知此事

不能限期求速就（写字作文等亦然）。若兴到落笔，乃有佳作。所谓"妙手偶得之"也。至三月底即截止，由朽人用心书写。大约五月间，可以竣事。仁者新作之画，乞随时络续寄下。（又以前已选入之画稿及未选入者，并乞附入，便中寄下。）即由朽人选择。其选入者，并即补题诗句。

△白居易诗，"香饵"云云二句，系以鱼喻彼自己，或讽世人，非是护生之意。其义寄托遥深，非浅学所能解。乞勿用此诗作画。

△研究《起信论》，译佛教与科学之事，暂停无妨。礼拜念佛功课未尝间断，戒酒已一年，至堪欢喜赞叹。近来仁者诸事顺遂，实为仁者专诚礼拜念佛所致。念佛一声，能消无量罪，能获无量福。唯在于用心之诚恳恭敬与否，不专在于形式上之多少也。

△网篮迟至年假时带去，无妨。

△珂罗版《华严经》，乞赠李圆净居士一册。

△以后作画，无须忙迫。至画幅之多少，亦不必预计。如是乃有佳作。

△倘他日集中画幅再增多之时，则已删去之画，如《倒悬》《众生》（又名《上法场》）等，或仍可配合选入，俟他日再

详酌。

△许居士如愿出家,当为设法。

△明年大约仍可居住庆福寺。因公园以筹款不足,停止进行,故尚安静可住。承诸友人赠送之资,至为感谢。此次寄来之廿元,拟留充明年自己之零用。至于明年,尚需贴补寺中全年食费约六十元。又于地藏殿装玻璃门,及《续藏经》书柜之木架等费,朽人拟赠与寺中三十元。共计九十元。倘他日有友人送款资至仁者之处,乞为存积。俟今年阴历年底,朽人再斟酌情形。倘需用此款者,当致函奉闻,请仁者于明年春间便中汇下。此事须今年年底酌定,故所有款资,拟先存仁者之处,乞勿汇下。

△明年朽人能于秋间至上海否?难以预定。或不能来,亦未可知。因近来拟息心用功,专修净业。恐出外云游,心中浮动,有碍用功也。统俟明年再为酌定。

△明年与后年,两年之中,拟暂维持现状。至于夏居士所云建造房舍之事,俟辛未年,再行斟酌。

草草奉复。不具。

演音上

九月十二日

再者，以后惠函，信面之上，乞勿写和尚二字。因俗例，须本寺住持，乃称和尚。朽人今居客位，以称大师或法师为宜。

再者，愚夫愚妇及旧派之士农工商，所欢喜阅览者，为此派之画。但此派之画，须另请人画之。仁者及朽人，皆于此道外行。今所编之《护生画集》，专为新派有高等小学以上毕业程度之人阅览为主。彼愚夫等，虽阅之，亦仅能得极少份之利益，断不能赞美也。故关于愚夫等之顾虑，可以撇开。若必欲令愚夫等大得利益，只可再另编画集一部，专为此种人阅览，乃合宜也。

今此画集编辑之宗旨，前已与李居士陈说。第一，专为新派智识阶级之人（即高小毕业以上之程度）阅览。至他种人，只能随分获其少益。第二，专为不信佛法，不喜阅佛书之人阅览。（现在戒杀放生之书出版者甚多，彼有善根者，久已能阅其书，而奉行唯谨。不必需此画集也。）近来戒杀之书虽多，但适于以上二种人之阅览者，则殊为稀有。故此画集，不得不编印行世。能使阅者爱慕其画法崭新，研玩不释手，自然能于戒杀放生之事，种植善根也。鄙意如此，未审当否？乞仁等酌之。又白。

致夏丏尊

（一九二九年十月三日，上虞白马湖）

丏尊、子恺居士同览：

前日寄奉一函，想已收到。至白马湖后，承夏宅及诸居士辅助一切，甚为感谢。前者仁等来函，曾云山房若住三人，其经费亦可足用云云。朽人因思，现在即迎请弘祥师来此同住。以后朽人每年在外恒勾留数月，则山房之中居住者有时三人，有时二人，其经费当可十分足用也。仁等于旧历九月月望以后（即阳历十月十七八日以后）来白马湖时，拟请由上海绕道杭州，代朽人迎请弘祥师，偕同由绍兴来白马湖。弘祥师之行李，乞仁等代为照料。至用感谢。迎请弘祥师时，其应注意者，如下数则：

（一）仁等往杭州时，宜乘上午火车至闸口，即至闸口虎跑寺，访弘祥师。仁等即可居住虎跑寺一宿。次晨，偕同过江，往绍兴。所以欲仁等正午到杭州者，因可令弘祥师于下午收拾行李，俾次晨即可动身。

（二）仁等晤弘祥师时，乞云："今代表弘一师迎请弘祥师往他处闭关用功。其地甚为幽静，诸事无虑，护法之人甚多，但不是寺院，亦不能供养多人。仅能请弘祥师一人，往彼处居住。倘有他位法师欲偕往者，一概谢绝。即请弘祥师收拾行李。所有物件，皆可带去。明晨，即一同动身云云。"

（三）弘祥师倘问，其地在何处？仁等可答云："现在无须问，明日到时便知。"其余凡有所问，皆不必明答。朽人之意，不欲向他僧众传扬此事。因恐他僧众倘有来白马湖访问者，招待对付之事甚为困难，故不欲发表住处之地址也。

（四）并乞仁等告知弘祥师云："此次动身他往，不必告知弘伞师。"恐弘伞师挽留，反多周折也。

（五）朽人自昔以来，凡信佛法、出家、拜师傅等，皆弘祥师为之指导一切。受恩甚深，无以为报。今由仁等发起建此山房。故欲迎养，聊报恩德于万一也。弘祥师所有钱财无多。其由闸口至白马湖总总费用，皆乞仁等惠施，感同身受。

（六）朽人有谢客启，附奉上一纸，托弘祥师代送虎跑库房，令众传观。

以上所陈诸琐碎事，皆乞鉴察。种种费神，感谢无尽！再者，朽人于今春，已与苏居士约定，于秋晚冬初之时，往福建一行。故拟于阳历九月底，即往上海，或小住数日，或即乘船而行。并乞仁等便中代为询问，太古公司往厦门及往福州之轮船，其开行之时间，是否有一定之规例。（如宁波船决定五时开，长江船决定半夜开之例。此所询问者，为时间，非是日期，因日期可阅报纸也。）琐陈，草草不宣。

演音上

十月三日

（一九二九年旧十月，厦门太平岩）

丏尊居士：

来厦门后，居太平岩。拟暂不往泉州，因开元寺有军队多人驻扎也。序文写就附以奉览。此书出版之后，余不欲受领版税（即分取售得之资）。因身为沙门，若受此财，于心不安。倘书店愿有以酬报者，乞于每版印刷时，赠余印本若干册，当为之分赠结缘，是固余所欢喜仰望者也。将来字模制就，印佛书时,亦乞依此法。每次赠余原书若干册,此意便中乞与章居士谈之,并乞代为致候。字模之字,决定用时路之体。(不固执己见。)其形大致如下。(将来再加练习,可较此为佳。)

世间如梦非实

字与字之间,皆有适宜之空白。将来排版之时,可以不必另加铅条隔之。唯双行小注,仍宜加铅条间隔耳。(或以四小字占一大字之地位,圈点免去。此事俟将来再详酌。)是间气候甚暖。日间仅著布小衫一件,早晚则著两件。老病之体,甚为安适。附一纸及汇票,乞交子恺。

演音上

/ 致穆犍莲 /

(一九三九年十月底,永春)

犍莲居士文席:

惠书,欣悉一一。诸荷护念,感谢无尽。向因传贯师劝,往菲延期,遂免于难。否则囚居鼓浪矣。但对付敌难,舍身殉教,朽人于四年前已有决心。曾与传贯师等言及。古诗云:"莫嫌老圃秋容淡,犹有黄花晚节香。"吾人一生之中,晚节最为要紧,愿与仁等共勉之也。亭亭菊一枝,高标矗劲节。云何色殷红?殉教应流血!

音启

/ 致律华法师 /

(一九四一年冬,晋江)

律华法师澄览:

　　朽人与仁者多生有缘,故能长久同住,彼此均获利益。朽人对仁者之善根道念,十分钦佩。朽人抚心自问,实万分不及其一。故朽人与仁者,长久同住,能自获甚大之利益也。妙莲法师行持精勤,悲愿深切,为当代僧众中罕见者。且如朽人心中敬彼如奉师长。但朽人在世之时,畏他人嫉妒疑议,不敢明言。今朽人已西归矣,心中尚有悬念者,以仁者年龄太幼,若非亲近老成有德之善知识,恐致退惰。故敢竭其愚诚,殷勤请于仁者。乞自今以后,与妙莲法师同住。且发尽形承侍之心,奉之如师，自称弟子。并乞彼时赐教诲，虽受恶辣之钳锤，亦应如饮甘露，万勿舍弃。至嘱至嘱。

演音　弘一敬白

/ 致郁智朗 /

(一九四〇年七月十五日,永春)

智朗居士慧鉴:

惠书诵悉。朽人已托性常法师致书与转法老和尚商恳。能荷慈允,固善。否则亦请性常法师代觅请他位良师(闽南各县)。性常法师为在朽人处学律资格最久者,今居普济下寺,为朽人护法照料一切。(朽人所居者为顶寺,一人独居,距下寺约半里。)彼于仁者出家之事可以负责介绍,即朽人不久往生西方,彼亦可负责继续进行也。仁者于下次来信时,乞附写一笺与性常法师致谢一切。

海道被封,若由陆路来闽至为困难,证书亦不易请求。但时局不久即可平靖。乞仁者俟时局平靖,海道开通,然后再来,乃为稳妥也。剃度师请妥,来闽之期延迟无妨。宜俟时节因缘,未可勉强急迫也。

前函承关念一切,至用感谢。永春距海口有两日路程,且深山幽僻,战事无碍。常人唯惧邻县土匪,然亦不须介意也。

朽人于八月间他往否,未能定。须待时局稍靖,又须身体康健也。以后惠书,仍寄永春。朽人倘他往者,亦可转送。又朽人自本月二十九日始,闭关圆满,可以照常通信见客。以后惠书,乞直写普济寺内弘一收即可达到,无须托人转交也。

来书所谓潜行出走,朽人窃以为未可。若如是者,将来恐不免纠葛。倘仁者之妻来闽寻觅,谓仁者言:若不偕归者,即决定于仁者面前自杀。当此之时,仁者若任其自杀,则有伤仁慈;否则只可偕归矣。依朽人拙见,拟定一办法如下,以备采择。仁者拟向店中请假七日,返家。于七日中,专心持念观世音菩萨圣号。涕泣哀恳,乞菩萨垂慈,令妻室发心出家,令长兄、岳母于仁者夫妇出家之事,欢喜赞叹,不加阻障云。七日圆满,即发信与长兄、岳母,陈明此事。并于妻室前,宣布此决定之办法。如是先令妻室出家为尼,并经长兄、岳母欢喜许诺,乃为稳妥也。朽人出家以前,亦先向眷属宣布。其他友人有潜行出走而出家者,多无好结果。与其出家后而返俗贻人讥笑,不如不出家之为善也。拙见如是，希垂察焉。

闽南百物昂贵。（海船不能运货来，土产甚少。）仁者来时，宜携带在家之布衣。俟出家后，改为出家衣形。棉被亦宜带来（去年朽人制薄棉被一件价近三十元）。闽南气候较暖，冬季着小棉袄一件已足。其他夹衣、单衣宜带来。夏布衣宜多带，闽南夏季甚长也。

出家之人，应学朝暮课诵，并宜熟背诵之。此文载在《禅门日诵》中，乞仁者预先学习。书中何者宜读，何者不须读，乞询宁波出家人，即可知之。此纸于今晨匆促书写，言不尽意，其中或有讹字，乞谅之。谨复，不具。

音启
七月十五晨

/ 致性愿法师 /

遗书

性公老人慈鉴：

后学居南闽十数载，与慈座友谊最笃。今将西逝，须俟回入娑婆，再为晤谈。甚望今后普济道风日隆，律仪宏阐。后学回入后，仍可来普济居住，与诸缁素道侣相聚首也。谨达，顺颂法安！不宣。

后学演音稽首

第**五**辑

绚烂至极,
归于平淡

/ 以出世的精神，做入世的事业 /

朱光潜

弘一法师是我国当代最令我景仰的一位高士。一九三二年，我在浙江上虞白马湖春晖中学当教员时，有一次弘一法师到白马湖访问他在春晖中学里的一些好友，如经子渊、夏丏尊和丰子恺。我是丰子恺的好友，因而和弘一法师有一面之缘。他的清风亮节使我一见倾心，但不敢向他说一句话。他的佛法和文艺方面的造诣，我大半从子恺那里知道的。子恺转送给我不少的弘一法师练字的墨迹，其中有一幅是《大方广佛华严经》中的一段偈文，后来我任教北京大学时，萧斋斗室里悬挂的就是法师书写的这段偈文，一方面表示我对法师的景仰，同时也作

第五辑 绚烂至极，归于平淡

为我的座右铭。时过境迁，这些纪念品都荡然无存了。

我在北平大学任教时，校长是李麟玉，常有往来，我才知道弘一法师在家时名叫李叔同，就是李校长的叔父。李氏本是河北望族，祖辈曾在清朝做过大官。从此我才知道弘一法师原是名门子弟，结合我见过的弘一法师在日本留学时代的一些化装演剧的照片和听到过的乐曲和歌唱的录音，都有年少翩翩的风度，我才想到弘一法师少年时有一度是红尘中人，后来出家是看破红尘的。

弘一法师是一九四二年在福建逝世的，一位泉州朋友曾来信告诉我，弘一法师逝世时神智很清楚，提笔在片纸上写"悲欣交集"四个字便转入涅槃了。我因此想到红尘中人看破红尘而达到"悲欣交集"即功德圆满，是弘一法师生平的三部曲。我也因此看到弘一法师虽是看破红尘，却绝对不是悲观厌世。

我自己在少年时代曾提出"以出世的精神，做入世的事业"作为自己的人生理想，这个理想的形成当然不止一个原因，弘一法师替我写的《华严经》对我也是一种启发。佛终生说法，都是为救济众生，他正是以出世的精神做入世的事业的。人世事业在分工制下可以有多种，弘一法师从文化思想这个根本上着眼。他持律那样谨严，一生清风亮节会永远严顽立懦，为民族精神文化树立丰碑。

/ 李叔同传 /

林子青

一

弘一大师是我国近代新文化运动早期的活动家，中年出家后成为佛教律宗有名的高僧。他虽然逝世近四十年了，但他的名声仍为国内外人士所仰慕。

大师的前半生以李叔同这个名字驰名于艺术教育界，是我国最初出国学习西洋绘画、音乐、话剧，并把这些艺术引进国内的先驱者之一。一八八〇年（旧历九月二十日）生于天津一个富裕的家庭。俗姓李，幼名成蹊，学名文涛，字叔同，名号屡改，一般以李叔同为世所知。他原籍浙江平湖，父名世珍，字筱楼,清同治四年(一八六五年)会试中进士,曾在吏部就职。后来在天津改营盐业,家境颇为富有。李叔同五岁时,他的父亲就去世了。他家中有异母兄弟三人,长兄早年夭折,次兄名文熙,又名桐冈,字敬甫,是天津一个有名的中医。他行第三,小字三郎。

李叔同的幼年也和当时很多文人一样,攻读《四书》《孝经》《毛诗》《左传》《尔雅》《文选》等,对于书法、金石尤为爱好。他十三四岁时,篆字已经写得很好,十六七岁时曾师从天津名士赵幼梅(元礼)学填词,又师从唐静岩(育厚)学书法。这个时期和他交游的有孟定生、姚品侯、王吟笙、曹幼占、周啸麟,同时友戚同辈有严范孙(修)、王仁安(守恂)、陈筱庄(宝泉)、李绍莲等。

二

李叔同,年十八,在母亲做主之下与俞氏结婚。越年戊戌政变,他就奉母迁居上海。这时袁希濂、许幻园(金荣)等在城南草堂组织一个"城南文社",每月会课一次,课卷由张蒲友孝廉评阅,定其甲乙。这一年,李叔同十九岁,初入文社写作俱佳。

许幻园爱其才华,便请他移居其城南草堂,并特辟一宰,亲题"李庐"二字赠他。李叔同的《李庐印谱》《李庐诗钟》《二十自述诗》等就是在这里作的。这些著作已经失传，只留下几篇叙文而已。这时他与江湾蔡小香、江阴张小楼、宝山袁希濂、华亭许幻园等五人结拜金兰，号称"天涯五友"。许幻园夫人宋梦仙（贞）有《题天涯五友图》诗五首，描写五人不同的性格。其中有一首云："李也文名大似斗，等身著作脍人口。酒酣诗思涌如泉，直把杜陵呼小友！"就是咏他。这个时期，李叔同又与常熟乌目山僧（宗仰）、德清汤伯迟、上海任伯年、朱梦庐、高邕之等书画名家，组织"上海书画公会"，每星期出版书画报纸，由中外日报社随报发行。这是上海书画界最初出版的报纸。李叔同（署名李漱筒）曾于该报刊登鬻书和篆刻润例。

庚子之役以后，他自上海回津，拟赴豫探视其兄，临行填《南浦月》一阕留别海上，词云：

杨柳无情，丝丝化作愁千缕。惺忪如许，萦起心头绪。谁道销魂，尽是无凭据。离亭外，一帆风雨，只有人归去。

时因道路阻塞，未获晤见其兄，在天津住了半月，仍回上海。他将途中见闻，写成《辛丑北征泪墨》出版。他回上海以后，正好南洋公学开设特班，招考能作古文的学生二十余人，预定拔优保送经济特科。他改名李广平应考，被公学录取。南洋公

第五辑 绚烂至极,归于平淡

学特班聘请蔡元培为教授,上课时由学生自由读书,写日记,送教授批改,每月课文一次;蔡氏又教学生读日本文法,令自译日文书籍,暗中鼓吹民权思想。一九〇三年上海开明书店发行的《法学门径书》《国际私法》,就是李广平在南洋公学读书时期所译的。当时同为蔡元培所赏识的有邵闻泰(力子)、洪允祥(樵舲)、王莪孙、胡仁源、殷祖伊、谢沈(无量)、李广平(叔同)、黄炎培、项骧、贝寿同等,都是一时之秀,后来成为各方面的有名人物。

一九〇三年冬,南洋公学发生罢课风潮,全体学生相继退学。李叔同退学后,感于当时风俗颓废,民气不振,即与许幻园、黄炎培等在租界外创设"沪学会",开办补习科,举行演说会,提倡移风易俗。当时在国内流行的《祖国歌》就是他为"沪学会补习科"撰写的。此外他又为"沪学会"编写《文野婚姻新戏剧本》,宣传男女婚姻自主的思想。

一九〇五年四月,母氏王太夫人逝世,改名李哀,后又名岸。他以为幸福时期已过,决心东渡日本留学。临行前填了一阕《金缕曲》,留别祖国并呈同学诸子。词曰:

被发佯狂走。莽中原,暮鸦啼彻,几枝衰柳。破碎河山谁收拾,零落西风依旧。便惹得离人消瘦。行矣临流重太息,说相思刻骨双红豆。愁黯黯,浓于酒。

漾情不断淞波溜。恨年来絮飘萍泊,遮难回首。二十文章惊海内,毕竟空谈何有。听匣底苍龙狂吼。长夜凄风眠不得,度群生那惜心肝剖?是祖国,忍孤负。

读来真是慷慨激昂,荡气回肠。"二十文章惊海内",看他当时何等自负,但他感到空谈毕竟是没有用的。

三

李哀于一九〇五年秋东渡日本,首先在学校补习日文,同时独力编辑《音乐小杂志》,在日本印刷后,寄回国内发行,促进了祖国新音乐的发展。又编有《国学唱歌集》一册,在国内发行,所有这些对中国新音乐史的发展都起到了启蒙作用。这时他和日本汉诗界名人槐南(森大来)、石滩(永阪周)、鸣鹤(日下部东作)、种竹(本田幸)等名士时有往来,并且很受赏识。

一九〇六年九月,考入东京美术学校,从留学法国的名画家黑田清辉学习西洋油画。这个学校是当时日本美术的最高学府,分别用英语和日语授课。李岸初入学时,是听英语讲授的。那时候,清国人(当时日本人对中国人的称呼)学油画者甚少,所以，李岸考入东京美术学校没有多久，就受邀接受东京《国民新闻》记者的特别采访。其访问记题为《清国人忠于洋画》，发表于明治三十九年（一九〇六年）十月四日的《国民新闻》，并登有他的西装照片和速写插图。

据程清《丙午日本游记》同年十月十三日访问东京美术学校时记载，该校学科分为西洋画、日本画、塑像、铸造调漆、莳绘（即泥金）、木雕刻、牙雕刻、石雕刻、图案等。"西洋画科之木炭画室，中有吾国学生二人，一名李岸，一名曾延年。所画以人面模型遥列几上，诸生环绕分画其各面。"现存李叔同的木炭画少女像的照片，据丰子恺的题记，是李叔同最初学西洋画时的作品，看来也许就是那时按照这个"人面模型"所画的。

李叔同除在东京美术学校学习油画外，又在音乐学校学习钢琴和作曲理论；同时又从戏剧家川上音二郎和藤泽浅二郎研究新剧的演技，遂与同学曾延年等组织了第一个话剧团体"春柳社"。一九〇七年春节期间，为了赈济淮北的水灾，春柳社首次在赈灾游艺会上公演了法国小仲马的名剧《巴黎茶花女遗事》，李叔同（艺名息霜）饰演茶花女，引起许多人的兴趣，这是中国人出演的第一部话剧。欧阳予倩受了这次公演的刺激，也托人介绍加入了春柳社。

第二次公演是一九〇七年的六月，称为"春柳社演艺大会"，演的是《黑奴吁天录》。春柳社在《开丁未演艺大会的趣意》上说："演艺之事，关系文明至巨。故本社创办伊始，特设步部研究新旧戏曲，冀为吾国艺界改良之先导。春间曾于青年会扮演助善，颇辱同人喝彩；嗣后承海内外士夫交相赞助，本社值此事机，不敢放弃。兹订于六月初一初二日，借本乡座举行'丁未演艺大会'，准于每日午后一时开演《黑奴吁天录》五幕。所有内容概论及各幕扮装人名，特列左方。大雅君子，幸垂教焉。"

春柳社第二次演出《黑奴吁天录》，李息霜扮演美国贵妇爱美柳夫人，曾得到日本戏剧家土肥春曙和伊原青青园的好评［见日本明治四十年（一九〇七年）《早稻田文学》七月号《清国人之学生剧》］。

四

李叔同在日本留学六年，一九一〇年毕业回国。先应老友天津高等工业学堂校长周啸麟之聘，在该校担任图案教员。辛亥革命以后，他填了《满江红》一阕，表达其怀抱。词曰：

皎皎昆仑，山顶月、有人长啸。看囊底、宝刀如雪，恩仇多少。双手裂开鼷鼠胆，寸金铸出民权脑。算此生、不负是男儿,头颅好。

荆轲墓,咸阳道。聂政死,尸骸暴。尽大江东去,余情还绕。魂魄化成精卫鸟,血花溅作红心草。看从今一担好山河,英雄造。

一九一三年春,上海《太平洋报》创刊,李叔同被聘为编辑,主编副刊画报,曼殊的著名小说《断鸿零雁记》就是在他主编的《太平洋画报》发表的。这一年三月,他初次加入南社,并为南社的《第六次雅集通讯录》设计图案并题签。同时在老友杨白民的城东女学,教授文学和音乐。这时他又与《太平洋报》同事柳亚子、胡朴安等创立"文美会",主编《文美杂志》。这年秋天《太平洋报》以负债停办。李叔同遂应老友经亨颐之聘,到杭州浙江第一师范学校担任图画和音乐教员,改名李息,号息翁。一九一五年,应南京高等师范校长江谦之聘,兼任该校图画音乐教员,假日组织"于社",借佛寺陈列古书字画金石,提倡艺术,不遗余力。

他在浙江第一师范初任教时写过《近世欧洲文学之概观》《西洋乐器种类概况》《石膏模型用法》等发表于"浙师校友会"一九一三年发行的《白阳》杂志诞生号,并且手自书写,介绍西洋文学艺术各方面的知识。他教的图画,采用过石膏像和人体写生，在国内艺术教育上是一个创举。在音乐方面，他利用西洋名曲作了许多名歌，同时又自己作歌作曲，向学生灌输新音乐的思想。如果学生中有图画音乐天才的，他会特别给以鼓励和培养。如后来以漫画成名的丰子恺、以音乐成名的刘质平，他们都是李叔同一手培养起来的。此校设有手工图画专修科，课余还组织校友会，分运动和文艺两部，文艺部发行杂志。一九一四年五月著名教育家黄炎培到杭州师范参观时，曾加以赞扬说："其专修科的成绩范视前两江师范专修科为尤高。主其事者为吾友美术专家李君叔同（哀）也。"（见一九一四年商务出版《黄炎培考察教育日记》第一集。）

这个时期，李叔同除从事西洋艺术教育，成立洋画研究会外，对于祖国传统的书法金石也是极力提倡的。他在学校里组织金石篆刻研究会，名为"乐石社"，提倡金石篆刻，被推为社长，撰有《乐石社简章》《乐石社社友小传》，南社著名诗人姚鹤雏撰有《乐石社记》介绍此社的宗旨及李息霜的艺术成就。这时浙江一师的师生中会篆刻的人很多，校长经亨颐别号"石禅"、教员夏丏尊都是篆刻好手。同时李叔同和西泠印社社长金石大家吴昌硕、叶舟等又是好友，因而和夏丏尊等一同加入西泠印社。后来他将出家，因此把一生收藏的印章都赠送给了西泠印社,该社社长叶舟为他在社中石壁上凿了一个"印藏"收藏并加题记,以留纪念。近年从这个"印藏"取出拓印,共成四幅,其中多是陈师曾、经亨颐、夏丏尊等知名人士和他的许多学生所刻的。他自己刻的也有几方在内。

李叔同在杭州期间,与其交往比较密切的同事有夏丏尊、姜丹书、堵申甫;校外经常来往的有马一浮、林同庄、周佚生等。马一浮早已研究佛学,是一位有名的居士,对他的影响特别大。但他这时只看一些理学书和道家的书类,做学尚谈不到。有一次,夏丏尊看到一本日文杂志上有篇关于断食的文章,说断食是身心"更新"的修养方法,自古宗教上的伟人如释迦、耶稣,都曾断食。说断食能生出伟大的精神力量,并且列举实行的方法。李叔同听后决心实践一下,便利用一九一六年寒假,到西湖虎跑寺去实行。经过十七天的断食体验,他取老子"能婴儿乎"之意,改名李婴,同时对寺院的清静生活有了一定好感,这可说是他出家的近因。他断食后写"灵化"二字赠其学生朱稣典;将断食的日记赠堵申甫,又将断食期间所临的各种碑刻赠夏丏尊。从此以后,他虽仍在学校授课,但已茹素读经,供奉佛像了。

过了新年,即一九一七年,他就时常到虎跑寺去习静听法。

这年旧历正月初八日，马一浮的朋友彭逊之忽然发心在虎跑寺出家，恰好李叔同也在那里，他目击当时的一切，大受感动，也皈依三宝，拜虎跑退居了悟老和尚为皈依师。演音的名，弘一的号，就是那时取的。从此马一浮常借佛书给他阅览，前后借给长水大师《起信论笔削记》《灵峰毗尼事义集要》《宝华传戒正范》等。他也常到虎跑寺去请问佛法。是年九月，他写了"永日视内典，深山多大年"一联，呈法轮禅师，自称"婴居上总翁"以此作为纪念。

五

一九一八年旧历七月十三日，李叔同结束了学校的教务，决心至虎跑寺从皈依师了悟老和尚披剃出家，正式名为演音，号弘一。出家后，别署很多，常见的有一音、弘裔、昙昉、论月、月臂、僧胤、慧幢、亡言、善梦等，晚年自号"晚晴老人""二一老人"等。他出家以前，将生平所作油画，赠予北京美专学校，笔砚碑帖赠予书家周承德，书画临摹法书赠予夏丏尊和堵申甫，衣服书籍等赠予丰子恺、刘质平等，民间工艺品赠予陈师曾，当时陈还为他这次割爱画了一张画。

同年九月，他到杭州灵隐寺受足戒，从此成为一个"比丘"。他受戒以后,看了马一浮居士送他的《灵峰毗尼事义集要》和《宝华传戒正范》,觉得按照戒律规定实不得戒。他是事事认真的人,因此发愿研习戒律,这是他后来发愿弘扬律学的因缘。

弘一大师受戒之后,先到嘉兴精严寺访问范古农居士,在精严寺阅藏数月,又到西湖玉泉寺安居,专研律部。他因杭州师友故旧酬酢太多,而且慕名的人又不断来访。一九二〇年夏,假得弘教律藏三侠,决定到浙江新城贝山闭关,埋头研习。这时在玉泉寺同住的程中和居士即出家名弘伞,和他同到贝山护关。因为贝山环境不能安居,越年正月重返杭州玉泉寺,披阅《四分律》和唐代道宣、宋代元照的律学著述。

一九二一年三月,由吴壁华、周益由二居士介绍,到温州庆福寺闭关安居,从事《四分律比丘戒相表记》的著作,并亲自以工楷书写,历时四载,始告完成。出版后部分寄赠日本,很受日本佛教学者的重视。此后几年间,他出游各地,曾访普陀参礼印光法师,又到过衢州莲花寺写经,为参加金光明法会一度到庐山大林寺;不久又回杭州,在招贤寺整理华严疏钞,继在常寂光寺闭关。后来为了商量《护生画集》的出版,也到过上海江湾丰子恺先生的缘缘堂。这时叶圣陶先生写了一篇散文《两法师》（介绍弘一与印光），发表于《民锋》杂志，后来收入叶氏《未厌居习作》，由上海开明书店出版，并作为活叶文选，为中学生所爱，于是名闻全国。

一九一八年冬，弘一大师为了《护生画集》的事又到了上海。偶然遇到旧友尤惜明与谢国梁（后来尤氏出家名演本，谢氏出家名寂云），二居士将赴暹罗（今泰国）弘法，在沪候轮，大师一时高兴，便参加了他们的商行弘法团。船到厦门，受到陈嘉庚胞弟陈敬贤居士的接待，被介绍到南普陀寺居住。他在这里认识了性愿、芝峰、大醒、寄尘等诸法师，被恳切地挽留，后来尤、谢两居士乘船继续南行，而弘一大师就独自留在厦门了。这是他初次和闽南结下的因缘。不久，由于性愿法师的介绍，他就到泉州南安小雪峰寺去过年。这一年冬天，夏丏尊、经亨颐、刘质平、丰子恺等，募款为他在浙江上虞白马湖盖了一座精舍，命名"晚晴山房"。后来又成立"晚晴护法会"，在经济上支持他请经和研究的费用。他后来从日本请来古版佛经一万余卷，就是这个晚晴护法会施助的。

一九二九年春，他由苏慧纯居士陪同，自泉州经福州至温州。在福州候船时，他和苏居士游了鼓山涌泉寺，在寺里发现工部未入大藏的《华严经疏论纂要》，叹为稀有，故发愿印刷

第五辑　绚烂至极，归于平淡

一子五部，并拟以十二部赠予日本各大学。在他晚年的十四年间（一九二八年至九四二年），最初几年虽然常到江浙的上海、温州、绍兴、杭州、慈溪、镇海等各地云游；但自一九三七年以后，除了应倓虚法师之请到青岛湛山寺讲律、小住数月之外，整个晚年都是在闽南度过的。他经常往来于泉厦之间，随缘居住。在厦门他先后在南普陀、太平岩、妙释寺、万寿岩、日光岩、万石岩和中岩等处。

抗战初期，李叔同一度到过漳州，住过南山寺、瑞竹岩和七宝寺。他与泉州特别有缘，曾住过承天寺、开元寺、百原庵、草庵、福林寺、南安小雪峰、慧泉、灵应寺、惠安净峰寺、灵瑞山、安海澄渟院、水春蓬壶普济寺等处。前后亲近他学律的有性常、义俊、瑞今、广洽、广究、昙昕、传贯、圆拙、仁开、克定、善契、妙莲等十余人。一九四二年秋病革，书二偈与诗友告别，偈云：

君子之交，其淡如水。执象而求，咫尺千里。问余何适？廓尔亡言。花枝春满，天心月圆。

同年十月十三日（旧历九月初四日）圆寂于泉州不二祠温陵养老院晚晴室，享年六十三岁。弥留之际，还写了"悲欣交集"四字，一面欣庆自己的解脱，一面悲悯众生的苦恼。这末后一句,真有说不尽的"香光庄严"。灭后遗骨分葬于泉州清源山弥陀岩和杭州虎跑寺,这两处都分别为他建了灵塔。

六

由一个浊世公子、留学生、艺术教育家,最后成为律宗高僧的弘一大师,早年才华横溢,在艺术各方面都得到了充分的发展。其为人可谓"绚烂之极,归于平淡"的典型!他虽避世绝俗,而无处不近人情。值得我们尊敬和学习的,是他的多才多艺和认真的精神。他一生做人确是认真而严肃的。他要求自己学一样就要像一样,做什么就要像什么。古人有云:"出家乃大丈夫事,非将相之所能为。"他既出家做了和尚,就要像个和尚。在佛教许多宗派中,律宗是最重修持的一宗,所谓"三千威仪,八万细行",他不但深入研究,而且实践躬行。马一浮有诗挽他:"苦行头陀重,遗风艺苑思。自知心是佛,常以戒为师。"读此可谓如见其人了。

弘一大师的佛学思想体系,是以华严为境,四分律为行,导归净土为果的。也就是说,他研究的是华严,修持弘扬的是律行,崇信的是净土法门。他对晋唐诸译的华严经都有精深的研究,曾著有《华严集联三百》一书,可以窥见其用心之一斑。

李叔同先生

曹聚仁

"五四"前后中年人的寂寞、苦闷，我们年轻人是不大了解的。"五四"狂潮中，记得有一天晚上，沈仲九先生亲切地告诉我们："弘一法师若是到了现在，也不会出家了。"可是李叔同先生的出家，我们只当作一种谈助，他心底的谜，我们是猜不透的。

在我们教师中，李叔同先生最不会使我们忘记。他从来没有怒容，总是轻轻地像母亲一样吩咐我们。我曾经早晨三点钟起床练习弹琴，因为一节进行曲不曾弹熟，他就这样旋转着我们的意向。同学中也有愿意跟他到天边的，也有立志以艺术作终身事业的，他给每个人以深刻的影响。伺候他的茶房，先意承志，如奉慈亲。想明道先生"绿满窗前草不除"的融和境界，大抵若此。

"我们的李先生"，能绘画，能弹琴作曲，字也写得很好，旧体诗词造诣极深，在东京曾在春柳社演过茶花女：这样的艺术全才，人总以为是个风流蕴藉的人。谁知他性情孤僻，律己极严，在外和朋友交际的事，从来没有，狷介得和白鹤一样。他来杭州第一师范担任艺术教师时，已是中年了，长斋礼佛，焚香诵经，已经过居士的生活。民国六年（一九一七年），他忽然到西湖某寺去静修，绝食十四天，神色依然温润。其明年四月，他乃削发入山，与俗世远隔了。我们偶尔在玉泉寺遇到他，合十以外，亦无他语。有时走过西泠印社，看见崖上的"印藏"，指以相告，曰："这是我们李先生的。"那时彼此虽觉得失了敬爱的导师的寂寞，可也没有别的人生感触。后来"五四"大潮流来了，大家欢呼于狂涛之上。李先生的影子渐渐地淡了，远了。

近来忽然从镜子里照见我自己的灵魂，"五四"的狂热日淡，厌世之念日深，不禁重复唤起李先生的影子来了。友人缘缘堂主和弘一法师过往最密，他差不多走完了李先生那一段路

第五辑　绚烂至极，归于平淡

程，将以削发为其终结了。我乃重新来省察李先生当时的心境。李先生之于人，不以辩解，微笑之中，每蕴至理；我乃求之于其灵魂所寄托的歌曲。在我们熟练的歌曲中，《落花》《月》《晚钟》三歌正代表他心灵的三个境界。《落花》代表第一境界：

纷，纷，纷，纷，纷，纷……唯落花委地无言兮，化作泥尘。

寂，寂，寂，寂，寂，寂……何春光长逝不归兮，永绝消息。

忆春风之日暄，芳菲菲以争妍。既垂荣以发秀，倏节易而时迁，春残。

览落红之辞枝兮，伤花事其阑珊，已矣！

春秋其代序以递嬗兮，俯念迟暮。

荣枯不须臾，盛衰有常数！

人生之浮华若朝露兮，泉壤兴衰。

朱华易消歇，青春不再来！

这是他中年后对生命无常的感触，那时期他是非常苦闷的，艺术虽是心灵寄托的深谷，而他还觉得没有着落似的。不久他静悟到另一境界，那便是《月》所代表的境界：

仰碧空明明，朗月悬太清。

瞰下界扰扰，尘欲迷中道！

唯愿灵光普万方，荡涤垢滓扬芬芳。

虚渺无极,圣洁神秘,灵光常仰望!

唯愿灵光普万方,荡涤垢滓扬芬芳。

虚渺无极,圣洁神秘,灵光常仰望!

他既作此超现实的想望,把心灵寄托于彼岸。顺理成章,必然地走到《晚钟》的境界:

大地沉沉落日眠,平墟漠漠晚烟残。

幽鸟不鸣暮色起,万籁俱寂丛林寒。

浩荡飘风起天杪,摇曳钟声出尘表。

绵绵灵响彻心弦,幻幻幽思凝冥杳。

众生病苦谁持扶?尘网颠倒泥涂污。

唯神悯恤敷大德,拯吾罪过成正觉。

誓心稽首永皈依,瞑瞑入定陈虔祈。

倏忽光明烛太虚,云端仿佛天门破。

庄严七宝迷氤氲,瑶华翠羽垂缤纷。

浴灵光兮朝圣真,拜手承神恩!

仰天衢兮瞻慈云,若现忽若隐!

钟声沉暮天,神恩永存在,

神之恩,大无外!

弘一法师出家后,刻苦修行,治梵典勤且笃,和太虚法师那些吹法螺的上人又不相同。他在和尚队中,该是十分孤独寂寞的吧!

相传弘一法师近来衰病日侵,他对于生命的究竟当有了更深切的了悟,唯这涅槃境方是真解脱,我们祝福他!

/ 两法师 /

叶圣陶

在到功德林去会见弘一法师的路上,怀着似乎从来不曾有过的洁净的心情;也可以说带着渴望,不过与希冀看一出著名的电影剧等的渴望并不一样。

弘一法师就是李叔同先生,我最初知道他在民国初年;那时上海有一种《太平洋报》,其艺术副刊由李先生主编,我对于所载他的书画篆刻都中意。以后数年,听人说李先生已出家,在西湖某寺。游西湖时,在西泠印社石壁上见李先生的"印藏"。去年子恺先生刊印《子恺漫画》。丏尊先生给他作序文,说起李先生的生活,我才知道得详明一点;就从这时起,知道

第五辑 绚烂至极,归于平淡

李先生现称弘一了。

于是,不免向子恺先生询问关于弘一法师的种种。承他详细见告。十分感兴趣之余,自然来了见一见的愿望,便向子恺先生说起了。"好的,待有机缘,我同你去见他。"子恺先生的声调永远是这样朴素而真挚的。以后遇见子恺先生,就常常告诉我弘一法师的近况。记得有一次给我看弘一法师的来信,中间有"叶居士"云云,我看了很觉惭愧,虽然"居士"不是什么特别的尊称。

前此一星期,饭后去上工,劈面来三辆人力车。最先是个和尚,我并不措意。第二是子恺先生,他惊喜似的向我点头。我也点头,心里便闪电般想起"后面一定是他"。人力车夫跑得很快,第三辆车一霎往后时,我见坐着的果然是个和尚,清癯的脸,颔卜有稀疏的长髯。我的感情有点激动,"他来了!"这样想着,屡屡回头望那越去越远的车篷的后影。

第二天,便接到子恺先生的信,约我星期日到功德林去会见。

是深深尝了世间味,探了艺术之宫的,却回过来过那种通常以为枯寂的持律念佛的生活,他的态度应是怎样,他的言论应是怎样,实在难以悬揣。因此,在带着渴望的似乎从来不曾有过的洁净的心情里,更掺着一些惝恍的分子。

走上功德林的扶梯,被侍者导引进那房间时,近十位先到的恬静地起立相迎。靠窗的左角,正是光线最明亮的地方,站着那位弘一法师,带笑的容颜,细小的眼里眸子放出晶莹的光。丏尊先生给我介绍之后,教我坐在弘一法师的侧边。弘一法师坐下来之后,便悠然地数着手里的念珠。我想一颗念珠一声阿弥陀佛吧。本来没有什么话要同他谈,见这样更沉入近乎催眠状态的凝思,言语是全不需要了。可怪的是在座一些人,或是他的旧友,或是他的学生,在这难得的会晤顷,似应有好些抒情的话同他谈,然而不然,大家也只默然不多开口。未必因僧俗殊途,尘净异致,而有所矜持吧。或者,他们以为这样默对一二小时,已胜于十年的晤谈了。

晴秋的午前的时光在恬然的静默中经过,觉得有难言的美。

随后又来了几位客,向弘一法师问几时来的,到什么地方去那些话。他的回答总是一句短语,可是殷勤极了。有如倾诉整个心愿。

因为弘一法师是过午不食的,十一点钟就开始聚餐。我看他那曾经挥洒书画弹奏音乐的手郑重地夹起一荚豇豆来,欢喜满足地送入口里去咀嚼的那种神情,真惭愧自己平时的乱吞胡咽。

"这碟子是谷油吧?"

以为他要酱油，某君想把酱油碟子移到他面前。

"不，是这位日本的居士要。"

果然，这位日本人道谢了。弘一法师于无形中体会到他的愿欲。

石岑先生爱谈人生问题，著有《人生哲学》，席间他请弘一法师谈一点关于人生的意见。

"惭愧，"弘一法师虔敬地回答，"没有研究，不能说什么。"

以学佛的人对于人生问题没有研究，依通常的见解，至少是一句笑话。那末，他有研究而不肯说么？只看他那殷勤真挚的神情，见得这样想时就是罪过。他的确没有研究。研究云者，自己站在这东西的外面，而去爬剔、分析、检查这东西的意思。像弘一法师，他一心持律，一心念佛，再没有站到外面去的余裕。哪里能有研究呢？

我想，问他像他这样的生活，觉得达到了怎样一种境界，或者比较落实一点。然而健康的人不自觉健康，哀乐的当时也不能描状哀乐，境界又岂是说得出的。我就把这意思遣开，从侧面看弘一法师的长髯以及眼边细密的皱纹，出神久之。

饭后，他说约定了去见印光法师，谁愿意去可同去。印光法师这名字知道得很久了，并且见过他的文钞，是现代净土宗的大师,自然也想见一见。同去者计七八人。

决定不坐人力车,弘一法师拔脚便走,我开始惊异他步履的轻捷。他的脚是赤了的,穿一双布缕缠成的行脚鞋。这是独特健康的象征啊。同行的一群人,哪里有第二双这样的脚!

惭愧,我这年轻人常常落在他的背后。我在他背后这样想:

他的行止笑语,真所谓纯任自然的,使人永不能忘。然而在这背后却是极严谨的戒律。丏尊先生告我,他尝叹息中国的律宗有待振起,可见他戒律极严。他念佛,他过午不食,都为的持律。但持律而到非由"外铄"的程度,人便只觉他一切纯任自然了。

似乎他的心非常之安,躁忿全消,到处自得;似乎他以为这世间十分平和,十分宁静,自己处身其间,甚而至于会把它淡忘。这因为他把所谓万象万事划开了一部分,而生活在留着的一部分内之故。这也是一种生活法,宗教家艺术家大概采用。并不划开一部分而生活的人,除庸众外,不是贪狠专制的野心家,便是社会革命家。

他与我们差不多处在不同的两个世界。就如我,没有他的宗教的感情与信念,要过他那样的生活是不可能的。然而我自以为有点了解他,而且真诚地敬服他那种纯任自然的风度。

第五辑 绚烂至极，归于平淡

哪一种生活法好呢？这是愚笨的无意义的问题。只有自己的生活法好，别的都不行，夸妄的人却常常这么想。友人某君曾说他不曾遇见一个人，他愿意把自己的生活与这个人对调的，这是踌躇满志的话。人本来应当如此，否则浮漂浪荡，岂不像没舵之舟。然而某君又说尤紧要的是同时得承认别人也未必愿意与我对调。这就与夸妄的人不同了；有这么一承认，非但不菲薄别人，且能致相当的尊敬。彼此因观感而化移的事是有的。虽说各有其生活法，究竟不是不可破的坚壁；所谓圣贤者转移了什么事什么人就是这么一回事。但是板着面孔专事菲薄别人的人决不能转移了谁。

到新闸太平寺，有人家借这里治丧事，乐工以为吊客来了，预备吹打起来。及见我们中间有一个和尚，而且问起的也是和尚，才知道误会，说道："他们都是佛教里的。"

寺役去通报时，弘一法师从包袱里取出一件大袖的僧衣来（他平时穿的，袖子同我们的长衫袖一样），恭而敬之地穿上身，眉宇间异样地静穆。我是喜欢四处看望的，见寺役走进去的沿街那房间里，有个躯体硕大的和尚刚洗了脸，背部略微伛着，我想这一定就是。果然，弘一法师头一个跨进去时，便对这和尚屈膝拜伏，动作严谨且安详。我心里肃然。有些人以为弘一法师当是和尚里的浪漫派,看这样可知完全不对。

印光法师的皮肤呈褐色,肌理颇粗,表示他是北方人;头顶几乎全秃,发着亮光;脑额很阔;浓眉底下一双眼睛这时虽不戴眼镜,却同戴了眼镜从眼镜上面射出眼光来的样子看人;嘴唇略微皱瘪;六十左右了。弘一法师与印光法师并肩而坐,正是绝好的对比,一个是水样的秀美、飘逸,而一个是山样的浑朴、凝重。

弘一法师合掌恳请了,"几位居士都喜欢佛法,有曾经看了禅宗的语录的,今来见法师,请有所开示。慈悲,慈悲。"

对于这"慈悲,慈悲",感到深长的趣味。

"嗯,看了语录。看了什么语录?"印光法师的声音带有神秘味。我想这话里或者就藏着机锋吧。没有人答应。弘一法师便指石岑先生,说这位居士看了语录的。

石岑先生因说也不专看那几种语录,只曾从某先生研究过法相宗的义理。

这就开了印光法师的话源。他说学佛须要实益,徒然嘴里说说,作几篇文字,没有道理;他说人眼前最紧要的事情是了生死,生死不了,非常危险;他说某先生只说自己才对,别人念佛就是迷信,真不应该。他说来声色有点严厉,间以呵喝。我

第五辑 绚烂至极，归于平淡

想这触动他旧有的忿念了。虽然不很清楚佛家所谓"我执""法执"的涵蕴是怎样，恐怕这样就有点近似。这使我未能满意。

弘一法师再作第二次恳请，希望于儒说佛法会通之点给我们开示。

印光法师说二者本一致，无非教人父慈子孝兄友弟恭等等。不过儒家说这是人的天职，人若不守天职就没有办法。佛家用因果来说，那就深奥得多。行善便有福，行恶便吃苦；人谁愿意吃苦呢？——他的话语很多，有零星的插话，有应验的故事，从其间可以窥见他的信仰与欢喜。他显然以传道者自任，故遇有机缘，不惮尽力宣传；宣传家必有所执持又有所排抵，他自己也不免。弘一法师可不同，他似乎春原上一株小树，毫不愧怍地欣欣向荣，却没有凌驾旁的卉木而上之的气概。

在佛徒中间，这位老人的地位崇高极了，从他的文钞里，见有许多的信徒恳求他的指示，仿佛他就是往生净土的导引者。这想来由于他有很深的造诣，不过我们不清楚。但或者还有其他的原因。一般信徒觉得那个"佛"太渺远了，虽然一心皈依，总未免感得空虚；而印光法师却是眼睛看得见的，认他就是现世的"佛"，虔诚崇奉，亲接謦欬，这才觉得着实，满足了信仰的欲望。故可以说，印光法师乃是一般信徒用意想来装塑成功的偶像。

弘一法师第三次"慈悲,慈悲"地请求时,是说这里有言经义的书,可让居士们"请"几部回去。这"请"字又有特别的味道。

房间的右角里,装订作坊似的,线装和平装的书堆着不少,不禁想起外间纷纷飞散的那些宣传品。由另一位和尚分派,我分到黄智海演述的《阿弥陀经白话解释》、大圆居士说的《般若波罗蜜多心经口义》、李荣祥编的《印光法师嘉言录》三种。中间《阿弥陀经白话解释》最好,详明之至。

于是弘一法师又屈膝拜伏,辞别。印光法师点着头,从不大敏捷的动作上显露他的老态。待我们都辞别了走出房间时,弘一法师伸出两手,郑重而轻捷地把两扇门拉上了。随即脱下那件大袖的僧衣,就人家停放在寺门内的包车上,方正平帖地把它折好包起来。

弘一法师就要回到江湾子恺先生的家里,石岑先生、予同先生和我便向他告别。这位带有通常所谓仙气的和尚,将使我永远怀念了。

我们三个在电车站等车,滑稽地使用着"读后感"三个字,互诉对于这两位法师的感念。就是这一点,已足证我们不能为宗教家了,我想。

/ 忆弘一大师 /

钱君匋

一九二三年,我在上海艺术师范学校读书,主持校务的丰子恺、刘质平两先生都是弘一法师的入室弟子,他俩终生尊敬弘一上人。我初习书法,临摹北碑,最爱《龙门二十品》,子恺师曾对我说:"清末民初,中国出了几位大书法家。"他评论沈寐叟、李瑞清、曾农髯、于右任诸家之后,接着说:"最超脱,以无态而备万态要算李息翁。"丰先生自己的收藏品中,有好多帖墨宝是弘公亲笔,我曾到他家里多次观摩,可惜欣赏水平不高,修养不足,对弘公的书法,仅仅知道是好,好在何处,为什么好,并不了然。在我的心目中,弘公这位太老师一定是个超凡入圣、不食人间烟火的人物,清高拔俗,艰苦卓绝,但未必可亲。

毕业后,我进了开明书店,编辑美术音乐书籍,并画书衣。这时夏丏尊先生已到上海,主持编辑工作。为了纪念弘公出家十周年,便将弘公赠他的一些临古法书,汇集成《李息翁临古法书》出版。

一天早晨,我刚刚进店,夏老已经坐在我的对面,这位长者质朴持重,讷于言而敏于行,是我们年轻人当然的师表。

"君匋!弘一大师法书集子天把就要付印,我写了一篇后记,可惜字很蹩脚,你代我抄一下制版好吗?"

"当然可以,不过,我的字也太嫩了……"我有点犹豫。

"先写出试试看嘛,如果写出来你自己真不满意,我就丑媳妇见公婆!一言为定。"他是个忙人,没有闲工夫摆龙门阵,说完便匆匆而去。

这天下午和晚上,我把后记抄了两遍,第二天见了夏老,请他过目。

"你很用功啊!"他一下看完,摘下眼镜连声称赞。

"夏老先生!我想了一夜,觉得我抄的东西不能用。"

"为什么?"

"你们是几十年的交情,是他的知己、畏友、诤友,出一本书也不容易,您的字也厚重而有书卷气,比我写得老辣,内涵更要高一层,不如存真为宜。我是斗胆直言,表示对二老的敬重,抄了两遍是表示不是偷懒推辞。"

"好,爽快!我自己抄。你这两份抄件我们各自保存一份,作为纪念吧!"

我的字没有发表,有一种如释重负的感觉。否则,我会长期为狗尾续貂而惭愧。书印出之前,我拜读全稿,开始认识到这部东西的分量。他写《张迁碑》,雅拙韶秀,气宇雍容;写《石鼓文》,匀停舒展,缓带轻裘于百万军中,有儒将风流;写《天发神谶碑》,变险为平,内涵蕴藉。一九六三年,广洽法师集资辑印太师墨宝,我作书衣,移用印花布纹样,布函,素净幽雅,下册便选用这本临古法书。这也是一段艺术因缘。

"一·二八"淞沪抗战结束之后,开明书店编辑所同人迁兆丰路,继续工作,意气奋发,章锡琛先生自己也带头这样做。一天有一阵沉重的脚步声响上楼来,我埋头看稿,没有理会,只听章先生迎上前去:"弘公大师!您老人家什么时候到的?"

我抬头一看,一位和尚站在办公室门口,门正好成了框子,把他嵌在中间。他高约一米七,穿着宽松的海青,因为面形清瘦，神情持重，虽然在微笑，却有一种自然的威仪，把身体也衬托得很高很高。目光清澈，那是净化后的秋水澄潭，一眼到底，毫无矫饰。上唇下巴有些胡髭，异常地率真可亲。五十出头，并不能算老，我见到他的虔敬，不亚于见到祖父一样，一阵清凉之气从我脊梁上向全身扩散开来，人世间一切俗套伪饰，在一刹那间都卸净了。

"居士好！"他的嗓音低而沉厚。

等到大师入座，我亲自奉上清茶，他招呼我坐下。我目不转睛地注视着这位长者，松柏精神，鸾鹤风度，真人本色，怎能看出这位是腰缠万贯贵公子，落拓风流艺术家呢？我知道自己是晚辈，不敢多言，垂手恭听。

"丏尊居士好么？他家里怎么样？"他两眼睁得圆圆的，多么关切！

"很好！"章先生说。

"阿弥陀佛！我一直放心不下，才来看他的，好久没有收到他的信了。"他双手合十，欣慰地点点头。

"等一会儿就来，我叫人去请他。"

"不用，不用，小僧先来问一下，问清楚了当然是自己走着去，告辞了。"

"不！让我叫辆车送您老人家去。"

他淡然一笑，大口喝着茶。

屋里沉静了，许多问题，关于人生、艺术、教育、宗教……一齐集中在喉头，原想请教，现在都在他淡然一笑中得到了答复。何用文字？光落言诠？无声的人格坦现，一种荒漠饮甘泉的甜意，袭我心脾。

我正要倒水，他摇摇手，那力量是不可抗拒的，只好让他自己动手。

喝完，他以沉重的脚步去了，我和章先生送到门外，仍然都没有讲出一句话来。郁达夫兄的佳句"远公说法无多语，六祖传真只一灯"真是神来之笔！

第二天上午十点半，夏丏尊请弘一法师吃饭，邀叶圣陶、丰子恺、刘质平、周予同、章锡琛……和我，到海门路夏寓作陪。大家都知道弘公过午不食，都到得很及时。到了今天，这些同席者只剩下我和叶圣陶二人，叶老年已九十开外，我也到了八十，其余诸位已全部作古了。

几样素菜，干净爽目，我悄悄注意，弘公只吃两样：白菜、萝卜，别的菜不伸筷子。大家都理解他，并不相强，没有拘束。

席间谈到对联，弘公说："南普陀天王殿前当中两根石柱上，有陈石遗老先生写的一副'分派洛迦开法宇，隔江太武拱山门'，文有气魄，字也老健可观，不可多得。但大醒法师以为后三字不若易为'诵浮图'更有画意，可见联语难作。我写的华严集联，只末一字讲平仄，不在声律上讲究，没有闲空推敲啊！"

夏丏尊先生回忆了西湖之夜、白马湖晚晴山房之夜等许多往事，弘公垂下眼睑，他沉浸于回忆之中，尽力平静。

餐毕，弘公退入夏寓的客房，我们大家都依依不舍，异常黯然，这种情绪也感染了我这样的俗人。弘公这样自苦，在他是求仁得仁，而我总以为他老人家应当吃得好一些，把身体搞好，多活几年，多留下一些艺术品，他的出家，我非常惋惜。弘公是绝顶聪明的人，当然看出了大家的想法，他异常平淡地说："历经百劫，故人犹健，茫茫人世，不必苛求。'一切有为法，如梦幻泡影，如梦亦如电，当作如是观。'善自珍重，阿弥陀佛！"

弘公的言行，在我心版刻上了永不磨灭的形象。

大师谢世后十年十二月初冬，叶圣陶、马一浮、广洽法师、子恺师、章锡琛和我等筹资建成了骨灰塔，马一浮题了塔名，恺师写了修塔记，主持工程者黄鸣祥。马一浮老人有礼塔诗：

扶律谈常尽一生，涅槃无相更无名。昔年亲见披衣地，此日空余绕塔行。石上流泉皆法雨，岩前雨滴是希声。老夫共饱伊蒲馔，多愧人天献食情。

我也写了一律：

法雨漫山竹径寒，初成莲塔起高峦。今朝湖畔行嘉礼，昔日淞滨叩净安。艺事中西皆圣手，诗才南北领骚坛。盛年阐律云游去，妙觉庄严上界宽。

礼塔之后，去浙江美术学院看望潘天寿先生，他正在上课，便坐在门房里等候。看门的老人满头银发，精神矍铄，床头摆满野花，当中安放着弘公在海滨拍的照片，背景是咆哮的巨浪，不知是在厦门或是青岛所拍。天风扬起海青的广袖和衣裾，慈眉善目，智慧深邃，背面是二十年后才认识的忘年好友柯文辉题的《鹊踏枝》。字很稚弱，词却不似少年手笔：

画印诗书文烂漫，曲寄深情，剧苑天葩放，举世昂头惊坦荡，忽然芒履扶藜杖。

古寺寒窗银汉灿，梦里桑枝，莲瓣镜中绽。一代风流归逸淡，墨香犹把新苗灌。

老门房是弘公的老同事。十分健谈，说到潘天寿请假回家结婚的窘态，绘形绘声，自己一点也不笑。他最佩服弘公，尊称"李老夫子"。每天还烧一支伽南香。他说："老夫子寒暑假回上海，都把铺盖放在我屋里，每次回来，都送我三块袁大头，一年十二块,能买三床被子呢!这照片是老夫子亲自送我的。后边的字是一个半大孩子来找借宿时写上的,诸乐三先生说很好,我不懂。供花是新派,烧香是老派,我经过学习,不信菩萨了。可是不给老夫子烧一根,一天就像少吃一餐饭一样,烧惯了啊。世上难找那样好的老夫子,哪位工友没得过他老人家的帮助。我和闻玉(送弘公去出家的工人)去看他,他剃了光头,在院子里提水浇花。叫我们'居士',自称'小僧',要我们坐,他亲自送茶水。留我们吃素饭,菜里没有油,那么苦,我和闻玉都哭了,他吃得有滋有味,简直是活菩萨,真神谁见过呢?"

深悔当时没有将这张珍贵照片借到照相馆去复制几帧广赠亲友。"文革"后多次打听,已杳如黄鹤,我连老人的名字也忘记了,在他身上我又看到了弘公人格的感召力。

人民对他的怀念之情,便是真正的纪念碑!

附录

格言别录

(弘一法师编订)

学问类

◎ 为善最乐,读书便佳。

◎ 茅鹿门云:"人生在世,多行救济事,则彼之感我,中怀倾倒,浸入肝脾。何幸而得人心如此哉?"

◎ 诸君到此何为,岂徒学问文章,擅一艺微长,便算读书种子?在我所求亦恕,不过子臣弟友,尽五伦本分,共成名教中人。(广州香山书院楹联)

◎ 何谓至行?曰:"庸行。"何谓大人?曰:"小心。"

◎ 凛闲居以体独,卜动念以知几,谨威仪以定命,敦大

伦以凝道，备百行以考德，迁善改过以作圣。（刘忠介《人谱》六条）

◎ 观天地生物气象，学圣贤克己工夫。

存养类

◎ 自家有好处，要掩藏几分，这是涵育以养深。别人不好处，要掩藏几分，这是浑厚以养大。

◎ 以虚养心，以德养身，以仁养天下万物，以道养天下万世。

◎ 一动于欲，欲迷则昏；一任乎气，气偏则戾。

◎ 刘直斋云："存心养性，须要耐烦耐苦，耐惊耐怕，方得纯熟。"

◎ 寡欲故静，有主则虚。

◎ 不为外物所动之谓静，不为外物所实之谓虚。

◎ 宜静默，宜从容，宜谨严，宜俭约。

◎ 敬守此心，则心定；敛抑其气，则气平。

◎ 青天白日的节义，自暗室屋漏中培来，旋乾转坤的经纶，自临深履薄处得力。

◎ 谦退是保身第一法，安详是处事第一法，涵容是待人第一法，恬淡是养心第一法。

◎ 刘念台云："涵养，全得一缓字，凡言语、动作皆是。"

◎ 应事接物，常觉得心中有从容闲暇时，才见涵养。

◎ 刘念台云："易喜易怒，轻言轻动，只是一种浮气用事，此病根最不小。"

◎ 吕新吾云："心平气和四字，非有涵养者不能做，功夫只在个定火。"

◎ 陈榕门云："定火功夫，不外以理制欲。理胜，则气自平矣。"

◎ 自处超然，处人蔼然，无事澄然，有事斩然，得意淡然，失意泰然。

◎ 气忌盛，心忌满，才忌露。

◎ 意粗性躁，一事无成；心平气和，千祥骈集。

◎ 冲繁地，顽钝人，拂逆时，纷杂事，此中最好养火。若决烈愤激，不但无益，而事卒以偾，人卒以怨，我卒以无成，是谓至愚，耐得过时，便有无限受用处。

◎ 人性褊急则气盛，气盛则心粗，心粗则神昏，乖舛谬戾，可胜言哉？

◎ 以和气迎人，则乖沴灭；以正气接物，则妖气消；以浩气临事，则疑畏释；以静气养身，则梦寐恬。

◎ 轻当矫之以重，浮当矫之以实，褊当矫之以宽，躁急当矫之以和缓，刚暴当矫之以温柔，浅露当矫之以沉潜，溪刻当矫之以浑厚。

◎ 尹和靖云："莫大之祸，皆起于须臾之不能忍，不可不谨。"

◎ 逆境顺境，看襟度；临喜临怒，看涵养。

持躬类

◎ 聪明睿智，守之以愚；道德隆重，守之以谦。

◎ 富贵，怨之府也；才能，身之灾也；声名，谤之媒也；欢乐，悲之渐也。

◎ 只是常有惧心，退一步做，见益而思损，持满而思溢，则免于祸。

◎ 人生最不幸处，是偶一失言，而祸不及；偶一失谋，而事幸成；偶一恣行，而获小利。后乃视为故常，而恬不为意。则莫大之患，由此生矣。

◎ 学一分退让，讨一分便宜；增一分享用，减一分福泽。

◎ 不自重者取辱，不自畏者招祸。

◎ 盖世功劳，当不得一个矜字；弥天罪恶，当不及一个悔字。

◎ 大着肚皮容物，立定脚跟做人。

◎ 事当快意处须转，言到快意时须住。

◎ 殃咎之来，未有不始于快心者。故君子得意而忧，逢喜而惧。

◎ 物忌全胜，事忌全美，人忌全盛。

◎ 尽前行者地步窄，向后看者眼界宽。

◎ 花繁柳密处拨得开，方见手段。风狂雨骤时立得定，才是脚跟。

◎ 人当变故之来，只宜静守，不宜躁动。即使万无解救，而志正守确，虽事不可为，而心终可白。否则必致身败，而名亦不保，非所以处变之道。

◎ 步步占先者，必有人以挤之；事事争胜者，必有人以挫之。

◎ 安莫安于知足，危莫危于多言。

◎ 行己恭，责躬厚，接众和，立心正，进道勇。择友以求益，改过以全身。

◎ 度量如海涵春育，持身如玉洁冰清，襟抱如光风霁月，气概如乔岳泰山。

◎ 心不妄念，身不妄动，口不妄言，君子所以存诚。内不欺己，外不欺人，上不欺天，君子所以慎独。

◎ 心志要苦，意趣要乐，气度要宏，言动要谨。

◎ 心术以光明笃实为第一，容貌以正大老成为第一，言语以简重真切为第一。

◎ 平生无一事可瞒人，此是大快乐。

◎ 书有未曾经我读，事无不可对人言。

◎ 心思要缜密，不可琐屑。操守要严明，不可激烈。

◎ 聪明者戒太察，刚强者戒太暴。

◎ 以情恕人，以理律己。

◎ 以恕己之心恕人，则全交；以责人之心责己，则寡过。

◎ 唐荆川云："须要刻刻检点自家病痛，盖所恶于人许多病痛处，若真知反己，则色色有之也。"

◎ 以淡字交友，以聋字止谤，以刻字责己，以弱字御侮。

◎ 居安虑危，处治思乱。

◎ 事事难上难，举足常虞失坠；件件想一想，浑身都是过差。

◎ 怒宜实力消融，过要细心检点。

◎ 事不可做尽，言不可道尽。

◎ 胡文定公云："人家最不要事事足意，常有事不足处方好。才事事足意，便有不好事出来，历试历验。邵康节诗云：'好花看到半开时。'最为亲切有味。"

◎ 精细者，无苛察之心。光明者，无浅露之病。

◎ 识不足则多虑，威不足则多怒，信不足则多言。

◎ 足恭伪态，礼之贼也。苛察歧疑，智之贼也。

◎ 缓字可以免悔，退字可以免祸。

敦品类

◎ 敦诗书，尚气节，慎取与，谨威仪，此惜名也。竞标榜，邀权贵，务矫激，习模棱，此市名也。惜名者，静而休；市名者，躁而拙。

◎ 辱身丧名，莫不由此。求名适所以坏名，名岂可市哉！

处事类

◎ 处难处之事愈宜宽，处难处之人愈宜厚，处至急之事愈宜缓。

◎ 必有容，德乃大；必有忍，事乃济。

◎ 吕新吾云："做天下好事，既度德量力，又审势择人。'专欲难成，众怒难犯'此八字，不独妄动邪为者宜慎，虽以至公无私之心，行正大光明之事，亦须调剂人情，发明事理，俾大家信从，然后动有成，事可久。盖群情多暗于远识，小人不便于私己，群起而坏之，虽有良法，胡成胡久？"

◎ 强不知以为知，此乃大愚；本无事而生事，是谓薄福。

◎ 白香山诗云："我有一言君记取，世间自取苦人多。"

◎ 无事时，戒一"偷"字；有事时，戒一"乱"字。

◎ 刘念台云："学者遇事不能应，总是此心受病处。只有炼心法，更无炼事法。炼心之法，大要只是胸中无一事而已。无一事，乃能事事，此是主静功夫得力处。"

◎ 处事大忌急躁，急躁则先自处不暇，何暇治事？

◎ 论人当节取其长，曲谅其短，做事必先审其害，后计其利。

◎ 无心者公，无我者明。

接物类

◎ 严着此心以拒外诱，须如一团烈火，遇物即烧。宽着此心以待同群，须如一片春阳，无人不暖。

◎ 凡一事而关人终身，纵确见实闻，不可着口。凡一语而伤我长厚，虽闲谈戏谑，慎勿形言。

◎ 结怨仇，招祸害，伤阴骘，皆由于此。

◎ 持己当从无过中求有过，非独进德，亦且免患。待人当于有过中求无过，非但存厚，亦且解怨。

◎ 遇事只一味镇定从容，虽纷若乱丝，终当就绪。待人无半毫矫伪欺诈，纵狡如山鬼，亦自献诚。

◎ 公生明，诚生明，从容生明。

◎ 公生明者，不蔽于私也；诚生明者，不杂以伪也；从容生明者，不淆于惑也。

◎ 穷天下之辩者，不在辩而在讷；伏天下之勇者，不在勇而在怯。

◎ 何以息谤？曰："无辩。"何以止怨？曰："不争。"

◎ 人之谤我也，与其能辩，不如能容。人之侮我也，与其能防，不如能化。

◎ 张梦复云："受得小气，则不至于受大气。吃得小亏，则不至于吃大亏。"

◎ 又云："凡事最不可想占便宜，便宜者，天下人之所共争也。我一人据之，则怨萃于我矣，我失便宜，则众怨消矣，故终身失便宜，乃终身得便宜也。此余数十年阅历有得之言，其遵守之，毋忽。余生平未尝多受小人之侮，只有一善策，能转湾早耳。"忍与让，足以消无穷之灾悔。古人有言："终身让路，不失尺寸。"

◎ 以仁义存心，以忍让接物。

◎ 林退斋临终，子孙环跪请训，曰："无他言，尔等只要学吃亏。"

◎ 任难任之事，要有力而无气；处难处之人，要有知而无言。

◎ 穷寇不可追也，遁辞不可攻也。

◎ 恩怕先益后损，威怕先松后紧。先益后损，则恩反为仇，前功尽弃；先松后紧，则管束不下，反招怨怒。

◎ 善用威者不轻怒，善用恩者不妄施。

◎ 宽厚者，毋使人有所恃；精明者，不使人无所容。

◎ 轻信轻发，听言之大戒也；愈激愈厉，责善之大戒也。

◎ 吕新吾云："愧之则小人可使为君子，激之则君子可使为小人。"

◎ 激之而不怒者，非有大量，必有深机。

◎ 处事须留余地，责善切戒尽言。

◎ 曲木恶绳，顽石恶攻。责善之言，不可不慎也。

◎ 吕新吾云："责善要看其人何如，又当尽长善救失之道。无指摘其所忌，无尽数其所失，无对人，无峭直，无长言，无累言。犯此六戒，虽忠告非善道矣。"

◎ 又云："论人须带三分浑厚，非直远祸，亦以留人掩盖之路，触人悔悟之机，养人体面之余，犹天地含蓄之气也。"

◎ 使人敢怒而不敢言者，便是损阴骘处。

◎ 凡劝人，不可遽指其过，必须先美其长，盖人喜则言易入，怒则言难入也。善化人者，心诚色温，气和辞婉；容其所不及，而谅其所不能；恕其所不知，而体其所不欲；随事讲说，随时开导。彼乐接引之诚，而喜于所好；感督责之宽，而愧其不材。人非木石，未有不长进者。我若嫉恶如仇，彼亦趋死如鹜，虽欲自新而不可得，哀哉！

◎ 先哲云："觉人之诈，不形于言；受人之侮，不动于色。此中有无穷意味，亦有无限受用。"

◎ 喜闻人过，不若喜闻己过；乐道己善，何如乐道人善。

◎ 论人之非，当原其心，不可徒泥其迹；取人之善，当据其迹，不必深究其心。

◎ 吕新吾云："论人情，只向薄处求；说人心，只从恶边想。此是私而刻底念头，非长厚之道也。"

◎ 修己以清心为要，涉世以慎言为先。

◎ 恶莫大于纵己之欲，祸莫大于言人之非。

◎ 施之君子，则丧吾德；施之小人，则杀吾身。（案：此指言人之非者）

◎ 人褊急，我受之以宽宏；人险仄，我待之以坦荡。

◎ 持身不可太皎洁，一切污辱垢秽要茹纳得；处世不可太分明，一切贤愚好丑要包容得。

◎ 精明须藏在浑厚里作用。古人得祸，精明人十居其九，未有浑厚而得祸者。

◎ 德盛者，其心和平，见人皆可取，故口中所许可者多；德薄者，其心刻傲，见人皆可憎，故目中所鄙弃者众。

◎ 吕新吾云："世人喜言无好人，此孟浪语也。推原其病，皆从不忠不恕所致，自家便是个不好人，更何暇责备他人乎？"

◎ 律己宜带秋气，处世须带春风。

◎ 盛喜中勿许人物，盛怒中勿答人书。

◎ 喜时之言多失信，怒时之言多失体。

◎ 静坐常思己过，闲谈莫论人非。

◎ 面谀之词，有识者未必悦心；背后之议，受憾者常若刻骨。

◎ 攻人之恶毋太严，要思其堪受；教人以善毋过高，当使其可从。

◎ 事有急之不白者，缓之或自明，毋急躁以速其戾；人有操之不从者，纵之或自化，毋苛刻以益其顽。

◎ 己性不可任，当用逆法制之，其道在一忍字；人性不可拂，当用顺法调之，其道在一恕字。

◎ 临事须替别人想，论人先将自己想。

◎ 欲论人者先自论，欲知人者先自知。

◎ 凡为外所胜者，皆内不足；凡为邪所夺者，皆正不足。

◎ 今人见人敬慢，辄生喜愠心，皆外重者也。此迷不破，胸中冰炭一生。

◎ 小人乐闻君子之过，君子耻闻小人之恶。此存心厚薄之分，故人品因之而别。

◎ 惠不在大，在乎当厄；怨不在多，在乎伤心。

◎ 毋以小嫌疏至戚，毋以新怨忘旧恩。

◎ 刘直斋云："好合不如好散，此言极有理。盖合者，始也；散者，终也。至于好散，则善其终矣。凡处一事，交一人，无不皆然。"

惠吉类

◎ 群居守口，独坐防心。

◎ 造物所忌，曰刻曰巧；万类相感，以诚以忠。

◎ 《谦》卦六爻皆吉，恕字终身可行。

◎ 知足常足，终身不辱；知止常止，终身不耻。

悖凶类

◎ 盛者衰之始，福者祸之基。